Louis Figuier

LA
VENTILATION

Les Merveilles de la science

ISBN : 978-1533587961

10 9 8 7 6 5 4 3 2 1

Louis Figuier

LA
VENTILATION

Les Merveilles de la science

Table de Matières

INTRODUCTION

La respiration d'un air pur est aussi nécessaire à l'entretien de la vie que l'alimentation même. Les maladies les plus graves que la médecine ait à combattre, proviennent de l'inspiration d'une atmosphère viciée. Les professions sédentaires, s'exerçant dans des locaux étroits, d'une capacité insuffisante, ou qui demeurent trop longtemps fermés, sont une cause fréquente de phthisie pulmonaire. La fièvre typhoïde éclate souvent, sous forme épidémique, dans les casernes, dans les hôpitaux, par suite de la viciation de l'air, résultant de l'insuffisance des dimensions du local. Les mêmes causes qui produisent ces tristes effets pour les agglomérations de personnes, dans une salle de capacité insuffisante, provoquent aussi le même résultat pour un seul individu dans son habitation privée. Dans le premier cas, c'est une épidémie qui survient ; dans le second, c'est une affection de famille qui se déclare. Un seul homme, une famille, enfermés dans une pièce de dimensions exiguës, où l'air ne se renouvelle pas, sont exposés aux mêmes dangers qu'un grand nombre de personnes qui séjournent dans une grande pièce mal aérée.

La question de la ventilation dans les habitations privées, dans les lieux de réunion publique et dans les hôpitaux, est donc une de celles qui doivent le plus préoccuper les hygiénistes et les amis de l'humanité. Il ne suffit pas d'ouvrir aux souffrances du pauvre un asile où lui sont prodigués les secours les plus assidus et les soins éclairés des maîtres dans l'art médical. Il faut encore pourvoir, dans nos hospices, au renouvellement constant et parfait de l'atmosphère des salles, où tant de causes de viciation et d'altération prennent continuellement naissance. Il faut enfin assurer à l'individu dans son habitation, les meilleures conditions hygiéniques, sous le rapport de l'air respirable.

Cette question, dont on s'embarrassait à peine, il y a quelques années, est devenue, dans ces derniers temps, l'objet des préoccupations des hygiénistes. Nous nous attacherons, dans cette Notice, à résumer les travaux des physiciens modernes sur les meilleurs moyens d'assurer une ventilation régulière et suffisante.

Louis Figuier

CHAPITRE PREMIER

Lorsqu'un certain nombre de personnes sont réunies dans un espace clos, par exemple dans une salle fermée par nos moyens ordinaires de clôture, elles éprouvent, au bout d'un temps plus ou moins long, un malaise particulier, que l'on ne fait cesser qu'en renouvelant l'air qui les environne. Ce fait, connu de tout le monde, a pour cause la viciation de l'air. Il se produit au bout d'un temps variable, selon la capacité du local que l'on considère, selon sa clôture plus ou moins complète et le nombre des personnes qu'il contient.

Le renouvellement de l'air altéré est le seul moyen à opposer à ce fâcheux effet. Mais quelles sont les causes de l'altération de l'air dans une salle habitée ? Ces causes sont nombreuses ; quelques-unes peuvent être mesurées exactement.

À cette dernière catégorie appartiennent les modifications de température, le changement de composition de l'air, ainsi que les variations dans les quantités d'humidité qu'il contient. On sait que l'homme, en respirant, prend de l'oxygène à l'air qui l'environne, et le remplace par de l'acide carbonique. La quantité d'acide carbonique produit par la respiration s'élève, en moyenne, à 500 litres par jour, pour un individu adulte. En outre, par sa respiration et sa transpiration cutanée, l'homme adulte émet, chaque jour, 1 300 grammes d'eau à l'état de vapeur, qui emporte en même temps avec elle une partie de la chaleur produite dans l'organisme.

Les autres causes de viciation, qui jusqu'à ce jour ont échappé à nos procédés de mesure, n'en sont pas pour cela moins réelles. Elles proviennent des matières animales qui s'exhalent des êtres vivants, et qui manifestent leur présence dans l'air par une odeur particulière, désagréable, même quand il s'agit d'individus sains. Cette dernière cause de viciation de l'air, augmente d'importance et domine toutes les autres, quand il s'agit d'une réunion de malades.

Le moyen le plus efficace d'éviter ou de diminuer ces inconvénients, c'est l'emploi d'un bon système de ventilation. Le problème à résoudre est celui-ci : *Enlever d'une salle l'air, soit vicié par les êtres vivants ou par toute autre cause, soit trop refroidi, soit trop échauffé et chargé de vapeurs et de substances animales ; le remplacer par un air pur, chaud en hiver, frais en été, de manière à assurer dans cette salle les conditions de la plus complète salubrité.*

Il faut admettre, d'une manière générale, que l'état de l'air enfermé dans une pièce d'appartement qui doit être le plus favorable à l'entretien régulier de nos fonctions respiratoires, est celui qui se rapproche le plus de l'air ordinaire. Mais cette composition normale étant impossible à réaliser dans une enceinte où il existe une cause permanente d'altération, c'est-à-dire la réunion d'un certain nombre de personnes, les hygiénistes et les chimistes ont cherché à déterminer les limites dans lesquelles il faut entretenir la composition de l'air dans un espace habité pour qu'il ne soit pas nuisible aux personnes qui le respirent.

Des expériences, indépendantes de toute idée théorique préconçue, ont été faites pour déterminer la quantité d'air qu'il importe de fournir à un certain nombre d'individus rassemblés, afin de maintenir leur respiration dans les conditions normales. Les assistants de l'enceinte étaient établis seuls juges du manque ou de l'excès d'air sous l'influence de dosages variables. Un de nos habiles chimistes, M. Félix Leblanc, par des recherches qui remontent à plusieurs années, trouva dans l'air sortant d'une salle de réunion, après quatre heures de séjour des assistants, 2 à 3 millièmes d'acide carbonique par mètre cube, c'est-à-dire quatre à cinq fois plus qu'il n'en existe dans l'air normal. D'autre part, d'Arcet avait déjà fixé à 7 grammes de vapeur d'eau la quantité d'humidité que renferme un mètre cube d'air, lorsqu'il est capable de débarrasser nos organes de la vapeur d'eau qui leur est inutile, sans agir pourtant sur eux d'une manière pénible par sa trop grande sécheresse.

Ainsi, 2 à 3 millièmes d'acide carbonique et 7 grammes de vapeur d'eau, par mètre cube, sont les limites que l'altération de l'air ne doit pas dépasser.

Des expériences qui furent faites en 1840, à l'ancienne Chambre des députés, ont prouvé que ces conditions sont remplies, c'est-à-dire que l'air ne demeure pas chargé de ces quantités anormales d'acide carbonique et de vapeur d'eau, quand on fait passer dans une salle *vingt mètres cubes d'air par heure et par individu.*

Louis Figuier

En fournissant à une réunion de personnes en santé 20 mètres cubes d'air par heure et par individu, on satisfait donc à toutes les exigences d'une bonne hygiène. Mais, hélas ! combien peu de lieux publics présentent ces conditions salutaires !

Considérez, par exemple, nos salles de spectacle, où, pour augmenter encore les causes de viciation de l'air, des centaines de becs de gaz versent sans cesse des torrents d'acide carbonique et de vapeur d'eau, qui s'ajoutent à ceux que produisent les spectateurs. Aussi, avec quel plaisir, quelle avidité même, est-on empressé d'aller, par intervalles, respirer à pleins poumons un peu d'air frais au dehors ! La question de la ventilation des théâtres a préoccupé plusieurs directeurs des grandes scènes de la capitale, qui ont cherché à donner aux spectateurs ce bien-être qui dispose à goûter plus complètement les jouissances de l'esprit. Cependant le but est bien loin encore d'être atteint.

Examinez les ateliers de beaucoup d'industries, et vous en trouverez encore bon nombre dans lesquels l'atmosphère, lourde, mal renouvelée, est continuellement chargée de poussières de toute nature. Si vous consultez alors les statistiques, vous verrez que la mortalité est considérable chez les ouvriers occupés par ces industries, et vous comprendrez de quelle importance il serait que les directeurs des usines songeassent à améliorer les conditions dans lesquelles se trouvent placées les habitations des ouvriers et les ateliers de travail.

Mais si, au lieu de considérer une réunion de personnes bien portantes, nous cherchons ce qu'il faudrait faire pour une réunion de malades, pour une salle d'hôpital, où tant de malheureux viennent chercher la guérison de leurs maux, le problème se complique, car les causes de viciation de l'air deviennent ici plus nombreuses et plus intenses.

Au premier rang de ces causes d'altération, se placent, sans contredit, les émanations de matières animales.

Quel est le médecin, quel est l'élève, quel est le visiteur des hôpitaux, qui n'ait pas été péniblement affecté par l'odeur, si bien nommée *odeur d'hôpital*, qui s'exhale de certaines salles, quand on y entre le matin, ou seulement après quelques heures de clôture, et cela malgré les soins minutieux de propreté auxquels on a recours ?

CHAPITRE PREMIER

C'est probablement à cette cause qu'il faut rapporter l'aggravation de certaines affections qui n'étaient que fort légères au moment de l'entrée du malade, ainsi que la longueur des convalescences, la facilité des rechutes, et le peu de réussite, dans les hôpitaux, de certaines opérations chirurgicales pour lesquelles on compte un nombre bien supérieur de succès dans la pratique civile. Les hôpitaux consacrés à l'enfance et aux femmes en couches, sont certainement placés, sous ce rapport, dans les conditions les plus défavorables. Sur l'enfant, sur la nouvelle accouchée placés dans les hospices, ces aggravations d'un mal léger à l'origine se remarquent avec une déplorable fréquence.

Ces considérations générales sur les inconvénients et les dangers de l'air non renouvelé par une ventilation naturelle ou artificielle, acquerront une force nouvelle, si nous les appuyons par quelques faits recueillis dans les auteurs classiques.

Le plus frappant exemple des dangers de l'*air confiné*, comme l'appellent les physiciens de nos jours, par une ellipse heureuse, nous est fourni par un triste épisode de la guerre des Anglais dans les Indes, à la fin du siècle dernier.

Dans un des engagements victorieux des Indiens contre l'armée anglaise envahissante, cent quarante-six hommes avaient été faits prisonniers par les indigènes. Ces prisonniers furent renfermés dans une petite salle de vingt pieds carrés, où la lumière et l'air n'arrivaient que par deux soupiraux donnant sur un corridor. Les prisonniers ne tardèrent pas à se sentir pris de suffocation et du suprême besoin de respirer. La chaleur était devenue extraordinaire. Tous les malheureux enfermés dans cette étroite prison, éprouvaient une soif intense, un douloureux serrement à la gorge et aux tempes. Ils se pressèrent en foule vers les deux petites ouvertures qui donnaient accès sur le corridor. Quelques-uns se cramponnaient aux barreaux, se soulevaient à force de bras, et aspiraient quelques bouffées d'air pur. Mais bientôt, arrachés de ce poste de salut par leurs compagnons en délire, ils étaient repoussés et foulés aux pieds. Une lutte affreuse s'engagea entre ces hommes à demi fous, et les plus robustes triomphèrent (*fig.* 236).

Louis Figuier

Fig. 236. — Les souffrances et la mort de 123 prisonniers
anglais, dans la guerre des Indes.

Le lendemain, au bout de huit heures, quand on ouvrit la porte
du cachot, vingt-trois prisonniers seulement étaient vivants. Cent
vingt-trois cadavres jonchaient le sol.

Un fait analogue s'est produit en France. Après la bataille

CHAPITRE PREMIER

d'Austerlitz, trois cents Autrichiens faits prisonniers, étaient dirigés vers nos frontières. On les enferma, pour leur faire passer la nuit, dans une cave très-exigüe. Chose horrible à dire ! Deux cent soixante de ces malheureux périrent asphyxiés, et les quarante qui respiraient encore, furent trouvés si faibles, qu'il fut impossible, pendant plusieurs jours, de leur faire continuer la marche.

Nos guerres d'Afrique ont offert un épisode du même genre et tout aussi douloureux. En 1845, le colonel Pélissier, le même qui devait plus tard s'illustrer en Crimée par de si glorieuses actions militaires, poursuivait une colonne d'Arabes, qui, ne trouvant d'autre refuge, alla s'enfermer dans une caverne pourvue d'une seule entrée. Pélissier, au lieu de prendre l'ennemi par la famine, eut la malheureuse idée de faire jeter à l'entrée de la caverne, des brandons de paille enflammée. On pensait que la fumée et la viciation de l'air forceraient les Arabes à sortir de leur retraite. Pas un ne sortit. Seulement, quand on pénétra, quelques heures après, dans les détours de la caverne, on y trouva 500 cadavres ! L'air, altéré par la combustion et par la respiration des prisonniers, s'était changé pour eux en un poison mortel.

Voici un autre fait, bien étrange. Les écrivains anglais assurent que dans une séance de la Cour d'assises d'Oxford, juges et accusés, gardiens et auditeurs, furent frappés d'une asphyxie subite et mortelle ! L'altération de l'air produite par une agglomération considérable d'individus dans une salle étroite, et dont toutes les issues étaient fermées, avait provoqué cet étonnant résultat. On peut donc être surpris par l'asphyxie, avant que la moindre impression douloureuse ait averti du péril. Sans cela les nombreuses personnes réunies dans la salle des assises d'Oxford, se seraient empressées de se dérober au danger.

Comme contraste à ces tableaux lugubres, nous présenterons les heureux aspects, les séduisants avantages d'une bonne ventilation. Le docteur Reid, qui a écrit en 1844 un excellent ouvrage sur l'art de ventiler, va nous dire combien il est agréable de respirer à son aise.

« Il y a quelques années, écrit le docteur Reid, environ cinquante membres d'un des clubs de la Société Royale à Edimbourg, dînèrent dans un appartement que j'avais fait construire et d'où le produit de la combustion des becs de gaz était exclu à l'aide d'un tuyau fixé aux appareils et caché dans le pendentif gothique auquel il était suspendu. Une abondante quantité d'air à une douce température, circulait dans l'appartement pendant toute la soirée, et son effet était varié de temps à autre en y mêlant des substances odoriférantes, de manière à pouvoir produire successivement les parfums d'un champ de lavande ou d'un bouquet d'oranger.

« Pendant tout le temps, du dîner, les convives ne firent aucune remarque spéciale ; mais le maître d'hôtel qui avait fourni le repas, et qui était familier avec leurs habitudes, parce qu'il les traitait ordinairement, fit remarquer aux commissaires que l'on avait consommé trois fois plus de vin que ne le faisait ordinairement la même société, dans la même salle éclairée au gaz et non ventilée. Il ajouta qu'il avait été surpris de voir des convives qui ne buvaient habituellement que deux petits verres de vin, consommer sans hésiter plus d'une demi-bouteille ; que d'autres, dont l'usage était de boire une demi-bouteille, en avaient pris une et demie, et qu'en définitive, à la fin du repas, il avait été obligé de faire chercher beaucoup plus de voitures qu'à l'ordinaire pour reconduire les convives chez eux.[1] »

Le docteur Reid eut soin, — autant, nous voulons le croire, dans l'intérêt de la science que par devoir de politesse, — de faire prendre des nouvelles de la santé de ses convives, et il nous assure que non-seulement on n'eut à déplorer aucun accident à la suite de ce festin, mais que ses hôtes même ne s'étaient pas aperçus de l'infraction commise aux règles ordinaires de leurs repas.

Le docteur Reid fait à ce sujet une autre remarque assez piquante :

« Dans le salon où la ventilation est mauvaise, où les appareils d'éclairage versent dans l'air leurs produits de combustion, la conversation languit, elle est peu intéressante, les gens se trouvent réciproquement peu d'esprit, les dames se plaignent d'une diminution d'attentions à leur égard, et l'on consomme fort peu de vins et de gâteaux ; dans ceux, au contraire, où l'air arrive pur et en abondance, les belles phrases et la gaieté pétillent, le contentement est parfait de toutes parts, le thé est trouvé excellent, et aussi la cave du maître et son buffet. »

---

1 Reid, *Illustration of the Theory and Practice of Ventilation*. London. 1844.

CHAPITRE PREMIER

Sous une forme quelque peu excentrique, ces observations démontrent qu'une bonne ventilation est nécessaire au libre exercice de l'intelligence, comme à celui de toutes les fonctions. Un littérateur, un savant qui s'enferme dans un cabinet de dimensions exiguës, avec des fenêtres constamment fermées, et dans lequel l'air ne se renouvelle pas, ne peut trouver des inspirations aussi heureuses, un travail aussi facile ni aussi léger, que celui qui dispose d'une vaste pièce, largement et continuellement aérée.

Nous recommandons, comme règle hygiénique de la plus haute importance, à toutes personnes vouées aux occupations de l'esprit, de ne travailler que dans une pièce de grande capacité. Tout le monde, surtout à Paris, ne peut pas avoir un vaste cabinet de travail, mais tout le monde, en travaillant, peut ouvrir sa fenêtre, pendant huit mois de l'année. C'est là ce que nous conseillons à nos lecteurs, comme résultat d'une longue expérience personnelle.

Nous emprunterons au docteur Reid, l'observation d'un fait qui met bien en évidence l'utilité de la ventilation pour la santé des hommes occupés à des travaux corporels.

Un industriel anglais possédait une usine dont les ouvriers souffraient grandement du manque d'air. Il se décida à ventiler son établissement. Or, il arriva bientôt que la santé de ses hommes s'étant améliorée et leur appétit ayant augmenté, la paye qui subvenait auparavant à tous leurs besoins devint insuffisante. Les ouvriers réclamèrent une augmentation de salaire, et force fut au propriétaire de l'usine de leur accorder cette augmentation.

Ce que le docteur Reid n'ajoute pas, mais ce que nous devinons, c'est que les ouvriers, mieux nourris, fournirent un travail plus considérable, et que le maître de l'usine fut ainsi récompensé de sa bonne et charitable inspiration.

Au reste, il n'est pas aujourd'hui de propriétaire d'une usine importante, qui ne comprenne toute l'utilité d'une bonne ventilation de ses ateliers, et qui ne se mette en mesure de faire profiter ses ouvriers d'un avantage hygiénique qui tourne en définitive au profit de ses propres intérêts.

Une communication faite le 24 mai 1869, à l'Académie des sciences, par M. le général Morin, met cette proposition en parfaite évidence. Nous emprunterons au journal *la Science pour tous* le résumé du mémoire de M. le général Morin.

« Dans le courant du printemps de 1868, dit ce journal, M. Fournet, l'un des plus honorables industriels de Lisieux, fit établir un système de ventilation pour assainir un vaste atelier de tissage qu'il possède à Orival, dans lequel sont réunis, en une salle, quatre cents ouvriers et quatre cents métiers éclairés, pendant les matinées et les soirées d'automne, par quatre cents becs de gaz.

« Cet atelier, à rez-de-chaussée, du genre de ceux qui sont adoptés aujourd'hui dans l'industrie du tissage, a 61^m,20 de longueur sur 33^m,10 de largeur. Sa hauteur sous les entraits n'est que de 3^m,30. Il est partagé en dix-sept travées couvertes par autant de petits toits à deux, pans inclinés : l'un à un de base sur deux de hauteur, couvert en zinc, est plein et laisse écouler les eaux.

« La surface du plancher est de 2 025 mètres carrés, ce qui correspond à 5^m,36 seulement par ouvrier.

« La capacité totale de l'atelier est de 6 000 mètres cubes environ, déduction faite de l'espace occupé par le matériel, ce qui n'alloue que 15 mètres d'espace cubique pour chaque ouvrier.

« Enfin, cet atelier n'est pas encore chauffé l'hiver, ce qui, outre l'inconvénient d'y permettre dans cette saison un trop grand abaissement de la température, présentait alors une difficulté grave pour l'établissement de la ventilation.

« D'après les renseignements de M. le Dr Penot, de Mulhouse, les conditions hygiéniques des ateliers à rez-de-chaussée de cette ville sont beaucoup plus favorables.

« Dans les tissages à rez-de-chaussée, on alloue par ouvrier environ :

« 12 à 14 mètres carrés de surface de plancher,

« 45 à 55 mètres cubes de capacité, et l'on assure le renouvellement de l'air par une ventilation dont nous ne connaissons malheureusement l'énergie par aucune expérience publiée jusqu'ici, et qui est produite tantôt uniquement par appel, tantôt simultanément par appel et par des moyens mécaniques.

« Le grand nombre des ouvriers, la nécessité de maintenir, les chaînes des toiles à un état convenable d'humidité, l'influence des produits de la combustion du gaz, l'absence d'une ventilation suffisante et régulière, rendaient l'atelier d'Orival tellement insalubre, que le nombre des ouvriers indisposés ou malades dans la partie centrale la plus éloignée des portes d'entrée et de sortie, y était habituellement de trente à quarante, sur lesquels une douzaine, en moyenne, étaient obligés de suspendre le travail et de garder la chambre.

« Les ouvriers valides, souvent incommodés l'été par la chaleur, l'hiver par les émanations du gaz, étaient obligés de sortir pour respirer de l'air pur ; beaucoup d'entre eux éprouvaient un malaise qui leur enlevait l'appétit, la vigueur : la production de l'atelier s'en ressentait.

« Telles étaient les conditions fâcheuses auxquelles M. Fournet regardait comme un devoir de porter remède, sans se préoccuper des sacrifices à faire pour y parvenir.

« Les travaux commencés en juin n'ont été complètement terminés, et le service de la ventilation n'a fonctionné régulièrement, qu'à partir du mois d'août 1868. Dès les premiers jours, l'amélioration dans l'état de l'air de cette salle, précédemment infectée d'odeurs nauséabondes qui causaient aux ouvriers un malaise indéfinissable et leur enlevaient une partie de leur énergie, devint immédiatement sensible ; mais j'ai voulu attendre qu'un intervalle de temps suffisant se fût écoulé pour permettre d'en apprécier avec certitude les conséquences.

« Il y a maintenant près de dix mois que la ventilation, complètement mise en activité vers le milieu d'août 1868, fonctionne régulièrement. Les rapports mensuels du médecin de l'établissement et ceux du sous-directeur constatent que le nombre des malades a considérablement diminué, et que c'est à peine si, aujourd'hui, sur les 400 ouvriers, il en manque au travail 3 ou 4 par jour, au lieu de 10 à 12 en moyenne qui étaient retenus chez eux.

« Or, une diminution moyenne de 7 à 8 dans le nombre des malades par journée de travail correspondant à 2 100 ou 2 400 journées pour une année, équivaut, tant en frais de maladies qu'en pertes de salaires, pour les ouvriers seuls, à plus de 4 000 à 5 000 francs par an.

« Des indices certains et indépendants de toute prévention favorable montrent qu'en effet l'état hygiénique des ouvriers s'est

Louis Figuier

notablement amélioré. L'un des plus caractéristiques est fourni par l'accroissement de la production de l'atelier, qui s'est élevée à plus de 6 pour 100 par le seul effet de la plus grande activité qu'ils apportent au travail.

« Une autre preuve plus caractéristique encore de l'amélioration de la santé des ouvriers a été fournie par le service de la boulangerie établie dans les usines de M. Fournet, pour leur livrer du pain de bonne qualité au prix de revient.

« L'administrateur de cette boulangerie, surpris d'avoir à constater un accroissement très-notable dans la consommation, en a fourni l'état suivant au chef de l'établissement.

Consommation de pain pendant les trois derniers mois de 1867 *et de* 1868 :

1867	(l'atelier n'est pas ventilé) :	15 656	kilogr.
1868	(l'atelier est ventilé) :	20 014	—
Différence		4 358	kilogr.

« Ces résultats n'ont pas besoin de commentaires.

« En résumé, on voit par cet exemple quelle salutaire influence peut exercer sur la santé des nombreux ouvriers de certains ateliers un renouvellement abondant de l'air, que l'on peut obtenir sans dépenses journalières, comme dans le cas présent : les frais d'installation de la canalisation nécessaire seront toujours fort peu dispendieux, si l'on s'en occupe lors de la construction des usines ; on a même vu que, quand on ne l'établit qu'après coup, on en est largement dédommagé par les résultats obtenus. Ainsi, dans le tissage d'Orival, où les travaux ont été exécutés sans arrêter la marche de l'atelier, et où les conditions locales présentaient d'assez grands obstacles, la dépense totale s'est élevée à 14 000 ou 15 000 fr.

« M. Fournet, en faisant cette dépense, n'avait en vue que de remédier aux défauts hygiéniques qu'il avait reconnus dans ses ateliers ; mais il a trouvé en outre, sans s'y être attendu, l'avantage d'un accroissement remarquable de production de son usine. Le mérite de l'initiative qu'il a prise ne lui en reste pas moins, et nous ne saurions douter que son exemple ne soit suivi par un grand nombre d'autres industriels qui savent mettre au rang de leurs devoirs l'amélioration morale et physique de leurs ouvriers. »

CHAPITRE PREMIER

En résumé, la ventilation est nécessaire dans les réunions publiques nombreuses, comme dans les ateliers industriels ; elle est utile dans les salles de théâtre et les églises, comme dans les mines, les cales de vaisseaux, les casernes, les dortoirs, etc. L'objet de cette Notice, c'est de faire connaître les principes généraux et les dispositions pratiques reconnues aujourd'hui les meilleures pour assurer le renouvellement de l'air dans les salles habitées.

Nous consacrerons un chapitre à poser quelques principes généraux au point de vue de la science pure. Dans les chapitres suivants, après avoir donné un rapide historique de la question, nous ferons connaître les divers systèmes de ventilation, qui ont été proposés. Enfin nous décrirons les applications les plus remarquables, qui ont été faites de ces systèmes dans divers établissements de Paris.

CHAPITRE II

CE QUE C'EST QUE L'AIR PUR. — COMPOSITION DE L'AIR VICIÉ.
— EFFETS NUISIBLES DE L'ACIDE CARBONIQUE, DES MATIÈRES
ANIMALES VOLATILES ET DES FERMENTS PUTRIDES.

L'air pur est un mélange de 21 parties (en volume) de gaz oxygène et de 79 parties de gaz azote. L'air renferme, en outre, 4 à 6 dix-millièmes de son volume de gaz acide carbonique, plus une quantité de vapeur d'eau, dont la proportion varie selon la température. Enfin il tient en suspension divers corpuscules solides, qu'il est impossible de ne pas faire entrer en ligne de compte au point de vue de la santé.

Il n'est personne qui n'ait vu ces petites poussières atmosphériques se mouvoir sur le trajet rectiligne d'un rayon de soleil. L'illumination plus vive de cette partie de l'air, rend ces particules visibles dans l'espace parcouru par la traînée radieuse.

Les plus gros de ces corpuscules sont seuls visibles de cette manière. Pour les recueillir et les observer, il faut faire usage d'un moyen physique particulier.

On dépouille un grand volume d'air de ses poussières, en lui faisant traverser, soit des tubes pleins d'un liquide tel que de l'eau, ou de l'acide sulfurique concentré, ou bien encore contenant un peu de coton-poudre que l'on dissout plus tard dans un liquide approprié, pour laisser libres les particules solides.

Si l'on examine au microscope les petits corps ainsi recueillis, on les trouve formés de toutes sortes de débris. Ce sont des substances végétales ou minérales, comme des fibres ligneuses, des trachées ou vaisseaux de plantes, — des granules d'amidon, — des cellules épithéliales de feuilles séchées, — des brins de coton, — des atomes de charbon, provenant des cheminées d'usine et des foyers ordinaires, — des fragments de carbonate de chaux, que le vent soulève dans les campagnes ou sur les routes, et qu'il transporte au loin, — de petits cristaux de sel marin, disséminés dans l'air par les vagues qui se brisent sur les côtes, et dont l'eau s'est vaporisée avant d'être retombée sur le sol. Dans l'air des villes manufacturières on rencontre des substances végétales ou minérales qui dépendent du genre de travail auquel se livre l'industrie locale, des brins de laine ou de soie, des particules de minerais, des grains siliceux, etc.

Ces matières, quelque multipliées qu'elles puissent être, n'ont d'autre inconvénient que de ternir momentanément l'éclat de nos étoffes, ou la propreté de nos meubles, en se déposant à leur surface. Si, quelquefois, on a noté des maladies causées par l'entrée de poussières diverses dans les voies respiratoires, ces cas sont exceptionnels. Ils se rattachent aux industries spéciales des charbonniers, des boulangers, des aiguiseurs, des repiqueurs de meules, etc. Les accidents dus à l'introduction de ces poussières dans l'économie animale, ne se produisent que très-lentement, ces corps étrangers n'exerçant que d'une façon mécanique leur influence fâcheuse sur les poumons.

Mais, outre ces substances inoffensives et inactives, l'observateur qui examine au microscope la poussière atmosphérique, y découvre de petits corps, d'un aspect régulier, en général sphériques, d'une couleur indécise, presque transparents, peu différents les uns des autres, et qui paraissent, au premier abord, d'une seule espèce. Si l'on place ces corpuscules organiques dans certains liquides fermentescibles, on les voit manifester une vitalité particulière, grandir, quelquefois se mouvoir et se multiplier à tel point que le liquide en devient troublé. La fermentation s'établit dans ce milieu,

CHAPITRE II

et détermine un changement profond dans les éléments chimiques du liquide, changement qui n'est que le résultat de la nutrition et de la vie de ces petits êtres.

Ces petits êtres sont des *ferments*. Chaque ferment a la propriété de vivre et de se développer dans un milieu particulier.

Telle est la cause de la fermentation du vin, du pain, de la bière. Telle est encore l'explication du phénomène désigné mal à propos sous le nom de *génération spontanée* ; ce dernier phénomène provient des germes végétaux flottants dans l'air, et qui tombent dans les liquides aptes à leur donner les conditions du développement et de la vie. Telle est enfin la cause de cette grande classe de maladies appelées *miasmatiques*. Les humeurs du corps de l'homme, ne sont point, en effet, à l'abri de l'infection de ces germes ; témoin les bactéridies découvertes dans le sang par M. Davainne, et qui constituent le *charbon* ; témoin l'*oïdium*, cause productrice du muguet ; témoin enfin les organismes microscopiques, plus récemment découverts, et qui sont peut-être le véritable principe des fièvres intermittentes des marais.

Cette curieuse question de physiologie et de médecine est encore à l'étude, et nous ne pouvons anticiper sur les développements que lui donneront les travaux de la science à venir. Nous ne pousserons donc pas plus loin ce genre de considérations, qui, pour certains lecteurs, auront peut-être paru s'écarter du sujet que nous allons traiter. Nous ferons remarquer, pour aller au-devant de ce reproche, que ces considérations nous permettront de mieux apprécier les systèmes de ventilation qui ont été proposés pour les hôpitaux, les casernes et autres établissements publics.

Telle est donc, en résumé, la composition de l'air pur : oxygène, azote, acide carbonique, vapeur d'eau, débris de substances minérales ou végétales, corpuscules organiques, miasmatiques et autres. Voilà ce qu'on appelle l'air pur, lequel pourtant, on le voit, renferme bien des choses impures.

Voyons maintenant ce qu'il faut entendre par *air vicié*.

Supposons qu'on place un homme en bonne santé dans un espace parfaitement clos, de la capacité de 10 mètres cubes. L'espace considéré renferme à peu près 12 kilogrammes et demi d'air, à la température ordinaire, et cet air contient près de 3 kilogrammes d'oxygène, lesquels pourraient suffire à la consommation de deux jours, s'ils étaient absorbés. Mais jamais la totalité de l'oxygène de l'air ne peut être absorbée par la respiration. Dès que l'air a perdu seulement 1 pour 100 de son oxygène, la respiration de l'homme placé dans ce milieu devient pénible. Lorsque l'air a perdu 4 pour 100 d'oxygène, la difficulté de respirer et l'anxiété, sont au comble chez l'homme. Enfin la mort arrive quand l'air a perdu 5 à 6 pour 100 d'oxygène.

Or, l'homme que nous avons mis en expérience, absorbera 60 grammes d'oxygène dans sa première heure ; et déjà 2 centièmes de l'oxygène manqueront à l'air. Encore une heure ou deux, et nous aurons atteint la limite extrême où la respiration devient impossible et où survient l'asphyxie, limite d'ailleurs assez difficile à fixer, parce qu'elle est variable selon les individus.

Notons en passant, que bien des personnes, en tout pays, n'ont pas à leur disposition des pièces beaucoup plus grandes que celle que nous venons de considérer par une hypothèse scientifique. Heureusement ces pièces ne sont pas absolument closes : une ventilation naturelle s'y établit par les joints des portes et des fenêtres, et l'air s'y renouvelle assez pour que la respiration ne soit pas sensiblement gênée. Mais c'est au hasard des conditions locales et non à la sagesse des prévisions individuelles, qu'il faut attribuer ce bénéfice fortuit.

Il nous sera permis toutefois de nous élever contre la déplorable exiguïté des dortoirs dans la plupart des lycées, des séminaires et des logements dits *en garni*, en un mot contre toute accumulation d'un trop grand nombre de personnes ou d'animaux dans un petit espace. Ces vicieuses dispositions ne tuent pas assurément sur l'heure, comme ces prisonniers anglais, dont nous avons raconté la triste histoire, mais l'action, pour être lente, n'en est pas moins réelle. Cette action nuisible s'exerçant chaque nuit, amène l'affaiblissement de toutes les fonctions de l'organisme, la débilitation générale, l'état lymphatique et toutes les maladies qui en sont la suite.

Pour produire les 500 litres d'acide carbonique qu'il exhale chaque vingt-quatre heures, un individu adulte brûle 140 grammes de charbon. Un professeur de chimie de la Sorbonne

CHAPITRE II

mettait matériellement ce fait sous les yeux des élèves, d'une façon originale et saisissante, en présentant à ses auditeurs une assiette contenant 140 grammes de charbon de bois. L'acide carbonique résultant de la respiration, quand il s'est répandu dans l'air, est attiré dans les poumons par l'inspiration, et finit par déterminer l'asphyxie, par absence d'oxygène.

On trouve, en effet, à l'autopsie des animaux asphyxiés, le cœur droit, les poumons et les veines gorgés d'un sang noir et liquide, ce qui caractérise la présence de l'acide carbonique dans les vaisseaux et l'absence de l'oxygène.

Outre l'acide carbonique, l'homme verse dans l'air, par sa respiration, une certaine quantité de vapeurs d'eau. Ce dernier fait peut être facilement constaté par l'observation. Jetez les yeux sur les murs dans une réunion nombreuse, et bien souvent vous verrez l'eau exhalée par la respiration des assistants, ruisseler le long de ces murs.

L'acide carbonique et l'eau peuvent être saisis et dosés par les moyens chimiques, mais il est plus difficile d'isoler et d'étudier les produits organiques que la respiration dégage. Jusqu'ici il n'a pas été possible de soumettre à l'analyse chimique, par les méthodes des laboratoires, ces matières organiques qui s'exhalent des poumons, ou si l'on veut, qui accompagnent les produits de la respiration de l'homme et des animaux. On peut seulement les recueillir sans trop de peine.

Si l'on fait condenser dans un vase de verre l'eau provenant de la respiration, et qu'on conserve ce liquide dans un flacon bien bouché, on ne tarde pas à le voir se troubler et se putréfier. Cette altération est due à la présence de la matière organique exhalée des poumons, et qui s'est putréfiée au sein de l'eau dans laquelle on l'avait recueillie.

Lorsqu'on entre le matin, avant l'ouverture des fenêtres, dans une salle où plusieurs personnes ont passé la nuit, par exemple, dans un dortoir de jeunes collégiens, on perçoit une odeur aigre, suffocante, particulière, qui, certainement, ne saurait être attribuée ni à l'acide carbonique ni à la vapeur d'eau provenant de la respiration.

Cette matière organique si putrescible, et dont l'existence est démontrée par l'expérience rapportée plus haut, ne peut avoir qu'une action défavorable, même quand elle émane d'individus sains. À plus forte raison s'il s'agit d'une réunion de personnes malades enfermées dans un hôpital. Il est facile de comprendre que, dans ce cas, les miasmes odorants soient plus nombreux et armés d'une action plus dangereuse. Il est, donc tout naturel que les émanations miasmatiques des salles d'hôpitaux exercent une action funeste ; que chaque malade augmente par ses exhalaisons, la gravité de la position de tous les autres, et que la contagion s'établisse ainsi, d'une manière toute matérielle, d'un individu à l'autre, à l'intérieur d'un hospice.

Nous avons dit qu'en général l'air est vicié lorsqu'il contient 1 pour 100 d'acide carbonique, c'est-à-dire quand l'air a perdu 1 pour 100 de son oxygène, puisque ces deux phénomènes sont connexes. Dans les hôpitaux, l'air est vicié, dès qu'il expose, non à l'asphyxie par la présence de l'acide carbonique, mais à des maladies, par suite de l'accumulation de particules organiques miasmatiques.

Des causes autres que la respiration ou l'encombrement des malades, peuvent encore vicier l'air ; mais nous n'en parlerons que pour mémoire. Citons à ce titre : 1° les gaz toxiques produits par des industries diverses, à savoir le gaz hydrogène sulfuré, le chlore, le gaz acide chlorhydrique, auxquels il faut ajouter l'hydrogène arsénié, le plus terrible poison connu, et qui peut exister dans l'air, par suite du grillage des minerais d'argent arsénifères ; 2° les produits de la décomposition des cadavres dans les voiries ou les cimetières, et parmi ces produits, il faut citer comme dangereux l'hydrogène sulfuré et l'hydrogène phosphoré ; 3° les émanations des fosses d'aisances ; 4° les poussières végétales et animales.

Telles sont les causes bien diverses, on le voit, qui produisent la viciation de l'air.

Il n'y a que deux moyens de remédier à la viciation de l'air : détruire chimiquement, sur place, les produits nuisibles ; ou bien chasser l'air vicié, et le remplacer par de l'air pur.

Le premier de ces deux moyens est à peu près impraticable. Ce n'est que dans de rares circonstances que l'on a pu se proposer d'absorber, par la potasse ou la chaux, l'acide carbonique d'une salle où étaient réunies un grand nombre de personnes. Le moyen ne serait ni facile ni économique. On a quelquefois absorbé par

CHAPITRE II

la chaux, l'acide carbonique remplissant une cuve de vendange ou de brasserie. On a détruit par le chlore, l'acide sulfhydrique ou l'hydrogène arsénié. Mais cette manière de procéder n'est applicable qu'à quelques cas rares et spéciaux. Le seul moyen de remédier à la viciation de l'air, c'est de remplacer l'air altéré par de l'air frais et pur, en d'autres termes, c'est d'opérer la ventilation. Nous allons passer en revue la série des moyens que l'on a proposés jusqu'à ce jour, pour atteindre ce but.

CHAPITRE III

HISTOIRE DE LA VENTILATION. — L'AÉRATION DES MINES AU XVIIE SIÈCLE. — ORIGINE DE LA VENTILATION PAR APPEL. — LES VENTILATEURS NATURELS. — LES APPAREILS DE WATSON, DE MACKINNELL, DE MUIR, ETC. — LES MANCHES À VENT. — TRAVAUX DE D'ARCET, COMBES ET MORIN. — DÉCOUVERTE DE LA VENTILATION RENVERSÉE.

L'art de la ventilation des habitations ou des lieux de réunion publique, est tout moderne. Il y a à peine un siècle que cette question a été abordée. Les connaissances imparfaites que l'on possédait jusqu'aux travaux de Lavoisier, sur la véritable nature et la composition de l'air, empêchaient toute tentative sérieuse dans ce sens. La ventilation avait été appliquée, il est vrai, à l'intérieur des mines, pour faciliter leur exploitation, ou prévenir l'asphyxie des ouvriers ; mais en dehors de cette application spéciale, l'idée était à peine venue, avant la fin du siècle dernier, de chercher à renouveler l'air altéré par le séjour d'un certain nombre de personnes dans un lieu de réunion. Cet art, il faut le dire, est même encore fort peu avancé de nos jours. Peu de personnes en comprennent l'importance. Il résulte de là que, tout en reconnaissant les inconvénients manifestes des systèmes qui sont en usage, les inventeurs sont peu excités à entrer dans une voie où aucune émulation ne les appelle.

C'est, disons-nous, pour l'exploitation des mines que l'on s'est inquiété, pour la première fois, des moyens de renouveler l'air altéré.

Louis Figuier

Dans l'ouvrage célèbre de George Agricola, *De re metallicâ*, publié à Bâle, en 1546, et consacré à la description de l'art de la métallurgie au XVIe siècle, on trouve exposés et figurés les moyens de ventilation en usage dans les mines à l'époque de la Renaissance.

La ventilation fut donc appliquée là où elle était le plus nécessaire, c'est-à-dire dans les mines, et nous ferons remarquer à ce propos que, de tout temps, les hommes se seront moins préoccupés des moyens d'entretenir leur santé que des moyens d'augmenter leur industrie.

On trouve dans le livre d'Agricola le dessin de gros soufflets qui servaient à ventiler les mines. Ces soufflets étaient manœuvres à bras d'hommes ou par des manèges. Ils lançaient de l'air dans une suite de tuyaux de bois qui pénétraient jusqu'au fond de la mine ; de là, l'air revenait, par les galeries, jusqu'aux ouvertures extérieures.

Presque toujours, quatre ou cinq soufflets placés côte à côte, étaient manœuvrés par des chevaux attelés à des manèges. L'air de tous ces appareils se réunissait en un seul tuyau, qui parcourait la mine, comme nous l'avons dit ci-dessus.

En Angleterre, dans le courant du XVIIIe siècle, divers ingénieurs employèrent les moyens mécaniques pour ventiler la Chambres des communes, les hôpitaux, les prisons de Newgate.

Ensuite apparut en France la ventilation, par l'appel des cheminées, en 1759. Duhamel du Monceau indiqua le moyen de désinfecter la cale des navires par l'appel des fourneaux de cuisine, et, en 1767, Genneti établit sur les mêmes principes, la ventilation des hôpitaux.

La figure 237 montre la disposition dont se servait Genneti pour la ventilation des salles d'hôpital. L'air extérieur pénétrait par l'ouverture A, située vers le bas du dessin, remplissait la première salle. Sollicité par l'appel, il glissait contre les pentes du plafond, et passait dans un canal coudé aboutissant dans la cheminée, B. Le même effet se produisait pour les salles des autres étages. Le foyer était placé dans les combles.

CHAPITRE III

Fig. 237. — Appareil de ventilation de Genneti.

On ne fait pas beaucoup mieux dans nos hôpitaux modernes.

Vers la fin du siècle dernier, le marquis de Chabannes, gentilhomme français réfugié à Londres, qui s'occupait de répandre l'usage du chauffage par la vapeur d'eau, fit diverses inventions dans l'art du chauffage, inventions dont les Anglais, selon M. Ch.

Louis Figuier

Joly, s'attribuèrent le mérite, et qui revinrent en France, comme importations anglaises.

Au commencement de notre siècle, l'Anglais Reid fit faire des progrès sérieux à l'art dont nous parlons. Il ventila la Chambre des lords, la prison de Pettenville à Londres, l'hôpital Guy et plusieurs autres établissements publics.

Vers le commencement de notre siècle, le chimiste d'Arcet donna aux principes de la ventilation une précision scientifique, et concourut puissamment à en faire comprendre l'importance aux savants.

Fig. 238. — D'Arcet.

Puis la nécessité d'une bonne aération étant universellement comprise, de toutes parts, et jusque dans les maisons particulières les moins riches, on chercha à s'en procurer les bénéfices. On perça les murs des salles, vers la partie supérieure, ou au niveau des planchers, pour établir des ouvertures qui pouvaient servir tantôt à l'arrivée de l'air pur, tantôt au départ de l'air vicié. On plaça dans les carreaux de vitre des fenêtres de petites hélices ventilatrices. Si l'on n'obtenait pas encore de cette manière une ventilation complète, on aidait du moins à la ventilation naturelle, qui toujours s'opère

CHAPITRE III

par les cheminées et par les jointures mal closes des portes ou des fenêtres.

La ventilation parfaite exige pour le passage facile et régulier de l'air, un orifice d'entrée et un orifice de sortie, entre les deux ouvertures, et, quelque part sur le trajet du courant gazeux, une force quelconque, agissant par appel, ou par pulsion, qui détermine le mouvement de l'air. La ventilation naturelle n'utilise, au contraire, comme force motrice, que la différence de densité entre l'air chaud et vicié et l'air froid venant de l'extérieur.

Divers dispositifs furent inventés pour faciliter la ventilation naturelle ; nous allons les décrire brièvement.

Supposons une salle complètement close, et sans cheminée, au plafond de laquelle serait percée une ouverture. Si la température intérieure, et c'est le cas ordinaire, est plus élevée que la température extérieure, il arrivera que l'air chaud ayant de la tendance à sortir, et ne pouvant passer au dehors qu'à la condition qu'un volume égal d'air extérieur le remplace, un double courant s'établira par l'ouverture, fort irrégulier, à la vérité, et subissant des arrêts, des alternatives de flux et de reflux, mais enfin, par cette seule ouverture, une certaine ventilation sera établie.

Si le plafond présente deux ouvertures, en général l'une d'elles servira au courant de sortie, et l'autre au courant d'entrée. On pourra noter encore le fréquent changement dans le sens des courants, et l'interversion de l'usage des ouvertures. Cependant, même dans le cas où la somme de sections des deux orifices ne serait pas plus grande que la section de l'ouverture unique déjà considérée, on remarquera que la ventilation est plus complète, qu'un plus grand volume d'air traverse la salle, et d'une façon plus régulière.

Si l'on surmontait l'un des deux orifices d'un tube ouvert aux deux bouts, la ventilation serait meilleure encore, parce que le tube ferait office de cheminée d'appel pour l'air intérieur ; et dès lors, l'ouverture portant le tube ne servirait qu'à l'expulsion de l'air vicié, l'autre servirait exclusivement à l'entrée de l'air pur.

Ainsi donc, la cause déterminante la plus faible peut régulariser le sens du courant et améliorer la ventilation.

Il sera facile, maintenant, de comprendre l'usage des *ventilateurs*

Louis Figuier

naturels représentés par les figures qui suivent.

La figure 239 montre la coupe du ventilateur naturel de Watson, qui fut appliqué à bon nombre des casernes anglaises.

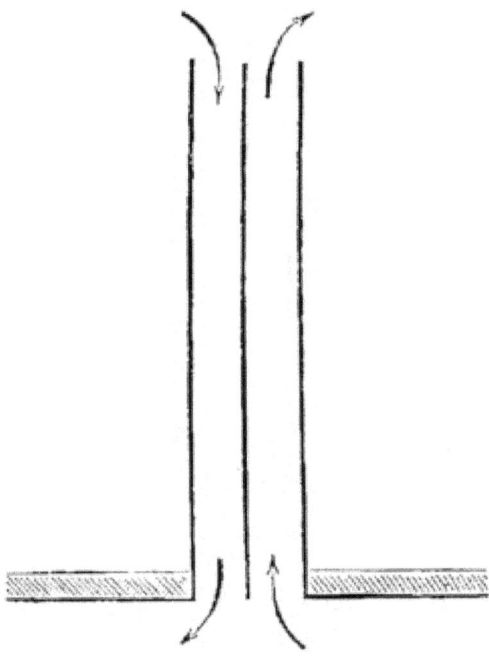

Fig. 239. — Ventilateur naturel de Watson.

Ce ventilateur ressemble à la *manche à vent* des navires. Il se compose d'une ouverture quadrangulaire, surmontée d'un tuyau de même forme, lequel est partagé en deux conduits par un diaphragme vertical. Il est défectueux en ce sens que, les deux conduits étant semblables, rien ne tend à déterminer dans l'un plutôt que dans l'autre le courant d'entrée ou le courant de sortie ; cependant il fonctionne assez régulièrement dès que le mouvement est établi.

La figure 240 représente le ventilateur de Mackinnell, formé de deux tubes concentriques AB, CD. Ici le tube intérieur ayant une élévation plus grande que l'autre, c'est toujours par là que passe le courant ascendant, comme l'indique le sens des flèches.

CHAPITRE III

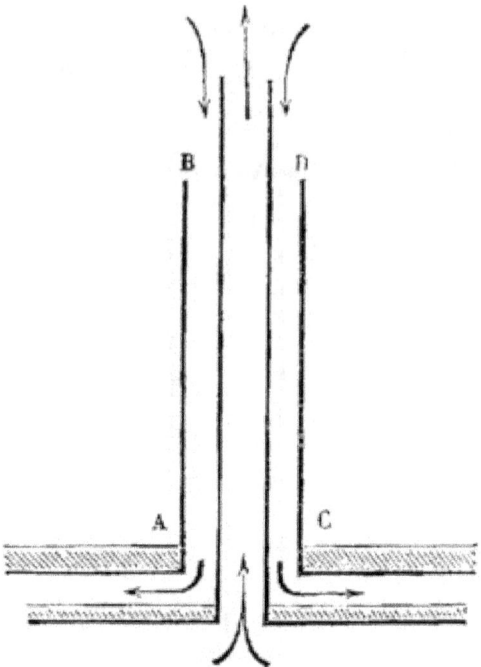

Fig. 240. — Ventilateur naturel de Mackinnell.

Ce ventilateur présente un autre avantage : les orifices supérieur et inférieur des deux conduits étant séparés par une certaine distance, les courants de sens contraires ont peu de tendance à se contrarier réciproquement dans leur marche ; en outre, le courant descendant rencontre un plateau circulaire qui le disperse horizontalement dans le sens du plafond.

La figure 241 donne l'élévation et la projection horizontale du ventilateur naturel de Muir. C'est un tuyau quadrangulaire séparé en quatre compartiments D, E, E, D, par deux diaphragmes diagonaux. Les quatre faces verticales sont percées de jalousies inclinées, de telle sorte qu'on utilise la force des vents pour l'extraction de l'air intérieur. Le sens du vent détermine le sens des courants dans le ventilateur.

Louis Figuier

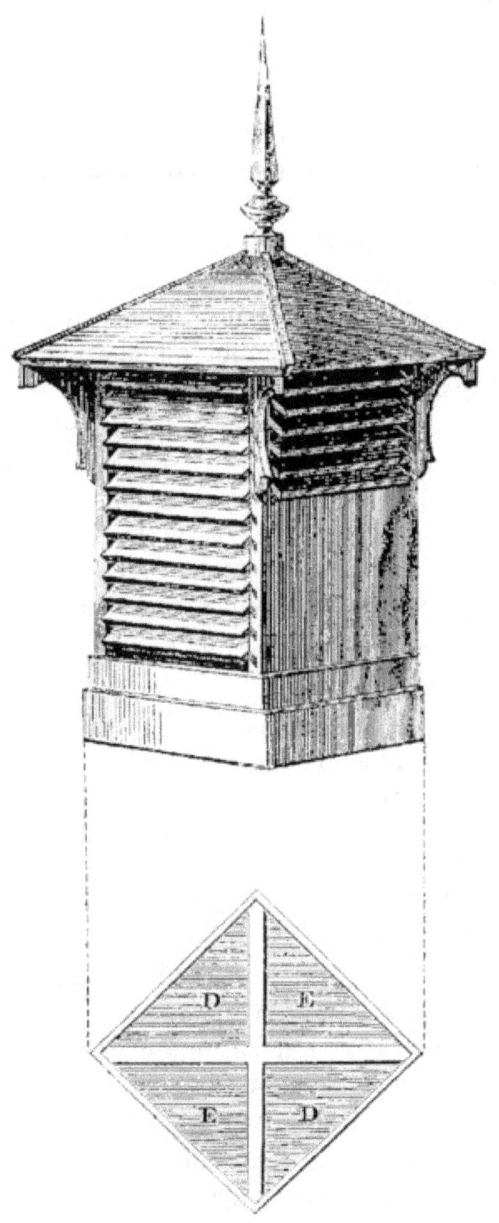

Fig. 241. — Ventilateur naturel de Muir.

CHAPITRE III

Ce petit appareil est recouvert d'un toit, pour le garantir de la pluie.

Il est évident que dans le cas où, dans l'intérieur de la salle, un feu de cheminée produirait un puissant appel, les trois ventilateurs naturels, que nous venons de décrire, ne serviraient qu'à l'entrée de l'air extérieur Dans le cas où une fenêtre de la salle serait ouverte, l'air froid entrerait par cette ouverture, et les ventilateurs ne seraient plus que des appareils d'extraction de l'air vicié.

Mentionnons encore parmi les ventilateurs naturels, la petite hélice de fer-blanc que l'on retrouve si fréquemment aux vitrages de cuisine. Si le bruit qu'elle produit est fatigant et monotone, les services qu'elle rend méritent d'être pris en considération.

Une sorte de ventilation naturelle est encore employée de nos jours, pour désinfecter la profondeur des navires. Nous voulons parler de la *manche à vent*. C'est une toile cousue en forme d'entonnoir, et recourbée de manière à présenter verticalement son ouverture au vent qui souffle. L'air s'y engouffre, et il descend jusque dans la cale, puis il s'échappe par les divers orifices du vaisseau.

Cet appareil est fort ancien, puisque Agricola le mentionne dans son livre *Sur la métallurgie*.

Sutten, Duhamel du Monceau et le docteur Reid s'occupèrent de la question de la ventilation des navires. Cependant rien d'efficace ne sortit de leurs travaux, et la vieille manche à vent resta toujours en usage. Elle est encore employée sur nos navires, surtout sur les navires à vapeur. On comprend qu'elle y rende des services plus grands que sur les navires à voiles, puisqu'elle reçoit le vent debout, même en temps de calme.

En 1824, M. Aribert, ingénieur civil à la Terrasse (Isère), fit faire à l'art de la ventilation un progrès capital, en inventant la *ventilation renversée*. Nous n'en donnerons ici que la définition, nous réservant d'en exposer les avantages dans un chapitre spécial.

« La ventilation renversée, dit M. Aribert, est ainsi nommée parce que, dans ce système, l'air se meut contrairement à son mouvement naturel, soit de haut en bas dans la ventilation à chaud, et de bas en haut dans la ventilation à froid.[1] »

---

1 Félix Achard, *la Réforme des hôpitaux par la ventilation renversée*, brochure in-8. Paris, 1865.

Louis Figuier

Il y a, dans l'histoire de l'art de la ventilation en France, une circonstance bien singulière et qui mérite d'être consignée ici. Ce qui fit réaliser le premier emploi de la ventilation, ce qui en fit, dans l'origine, recommander et adopter l'usage, ce n'est pas l'humanité, c'est l'industrie. Ce n'est pas aux malades des hôpitaux que l'on a songé la première fois pour le renouvellement de l'atmosphère altérée, c'est… aux vers à soie ! L'observation démontra avec évidence l'utilité d'une ventilation active dans les magnaneries, et c'est là qu'elle reçut, au moins en France, sa première réalisation pratique.

La ventilation, employée d'abord dans les magnaneries, dans un but d'intérêt privé, fut réclamée bientôt par nos assemblées délibérantes. La ventilation fut appliquée, pour la première fois, au palais de l'ancienne Chambre des pairs. La nécessité de cette mesure hygiénique n'était, d'ailleurs, que trop réelle. Quand on se plaçait dans la proximité d'un conduit par où se dégageait l'air qui venait de traverser la salle des séances de nos respectables législateurs, on sentait une odeur si méphitique, qu'il était impossible de la supporter plus de quelques secondes. La tige en cuivre d'un paratonnerre passait dans le voisinage de cette partie du bâtiment : on était obligé de la renouveler chaque année, en raison de sa prompte altération par le gaz hydrogène sulfuré contenu dans l'air balayé de la salle.

Après la Chambre des pairs, ce fut à la Chambre des députés, ensuite au Conseil d'État que l'on appliqua les appareils de ventilation.

Vinrent ensuite les théâtres.

Après les théâtres on s'occupa des prisonniers : dans les nouvelles prisons cellulaires, on s'empressa d'établir un système complet de ventilation.

Les hôpitaux ne vinrent qu'après les prisons !

Ainsi, ce n'est qu'après avoir pourvu à la salubrité des condamnés que l'on se préoccupa de celle des malades. Cet ordre de succession est assez singulier pour qu'on le note et le relève en passant. Sans doute, les améliorations dont il s'agit étaient excellentes en principe, et dans les deux cas ; mais il nous semble que, dans une question de philanthropie, les honnêtes gens malades auraient dû passer avant les coupables bien portants.

L'art de la ventilation fit ensuite des progrès importants en Angleterre. C'est à la Chambre des communes et à la Chambre des lords qu'on applique d'abord la ventilation. En 1856, le Parlement anglais vota des fonds considérables pour l'étude approfondie de la ventilation. Deux rapports très-remarquables furent publiés l'un en 1857,[1] l'autre en 1861.[2] Le premier concerne la ventilation des maisons particulières, le second a trait à l'assainissement des hôpitaux et des casernes.

Nous ne devons pas oublier de mentionner parmi les savants qui ont contribué le plus aux progrès et à la vulgarisation de la ventilation dans les édifices publics, M. le général Morin, membre de l'Institut, directeur du Conservatoire des arts et métiers de Paris. Par ses études scientifiques, par la part considérable qu'il a prise à l'assainissement d'un grand nombre d'établissements publics, hôpitaux, casernes, églises, théâtres, etc., enfin par l'important ouvrage qu'on lui doit,[3] M. le général Morin a attaché son nom avec le plus grand honneur à la question qui nous occupe.

Fig. 242. — Combes.

1 Fairbairn, Glaisher and Wheatstone, *Report of the Commission appointed by the House of commons to inquire into the best practical Method of Warming and Ventilating dwelling-houses*. London, in-fol.

2 John Sutherland, Barrel and Douglas Galton, *General Report of the Commission appointed for improving the Sanitary condition of Barracks and Hospitals*. London, 3 vol. in-fol.

3 *Études sur la ventilation*. Paris, 1863, 2 vol. in-8.

Louis Figuier

Pour clore cet historique, il nous reste à parler des travaux de M. Combes, de l'Institut. On doit à ce savant l'invention de *l'anémomètre*. Cet instrument est destiné à mesurer la quantité d'air qui s'écoule par une ouverture quelconque. Sans cet appareil, la science en serait encore réduite à flotter parmi les données les plus vagues, n'ayant aucun principe certain, aucun contrôle pour juger l'utilité relative de tel ou tel appareil. Aussi, croyons-nous devoir en donner la description avant d'aller plus loin.

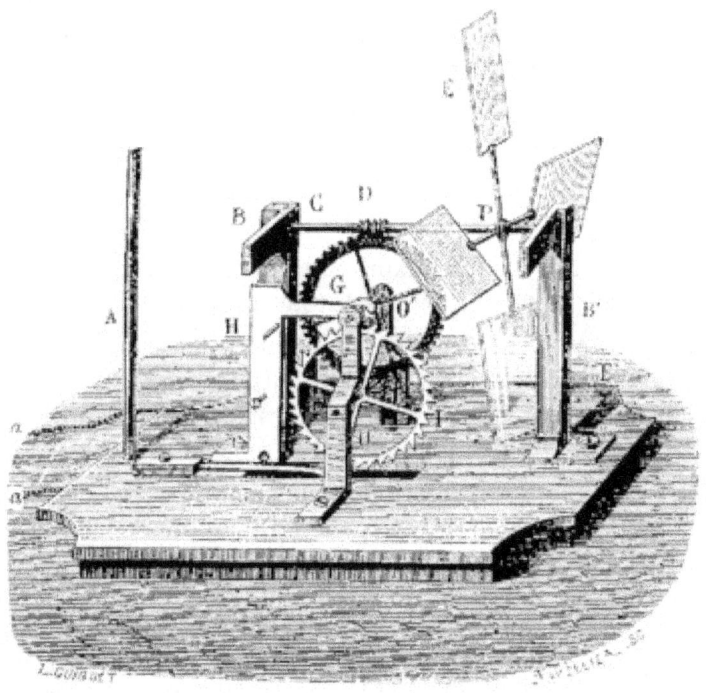

Fig. 243. — Anémomètre de M. Combes.

L'anémomètre, inventé par M. Combes, se compose d'un moulinet fort léger à quatre ailes planes, E, également inclinées et parfaitement semblables entre elles, montées sur un axe horizontal, CP, lequel est terminé par deux pivots très-fins, emboîtés dans des chapes d'agate, pour diminuer le frottement. Les chapes sont enchâssées dans les montants B, B'. Au point D l'axe porte une vis sans fin, très-déliée, qui engrène avec une roue G, à 100 dents. Cette roue avance d'une dent par chaque tour du moulinet.

L'axe de la roue G porte une came reliée au rochet I de 50 dents ; le rochet est retenu par un fin ressort d'acier J ; il saute d'une dent par chaque tour complet de la roue G.

Les deux roues sont numérotées, et des aiguilles indicatrices fixées aux montants B, B' marquent le point de départ, et donnent les éléments d'un calcul très-simple, par lequel on détermine le nombre de tours exécutés par le moulinet durant le temps qu'a duré l'expérience. Il est facile de comprendre que plus le courant d'air sera fort, et plus le nombre de tours sera considérable pour un temps donné ; la formule

$$U = a + bn.$$

trouvée par M. Combes, exprime la relation qui existe entre la vitesse du courant et le nombre de tours exécutés par l'instrument.

La tige A sert à porter l'anémomètre d'un lieu à un autre, et à le fixer dans les diverses positions qu'il doit occuper. Deux cordons, a, a, sont destinés à permettre à l'observateur d'agir à distance sur l'instrument : l'un met le moulinet en mouvement, l'autre l'arrête quand l'expérience est terminée.

Il ne suffit pas d'une seule expérience pour connaître le volume d'air qui s'écoule dans un conduit de large section, parce qu'il s'y forme des veines de vitesses inégales. Il faut placer l'anémomètre à diverses hauteurs, et prendre la moyenne des vitesses obtenues. M. le général Morin a fait subir à l'anémomètre de M. Combes quelques modifications de médiocre importance, qui donnent seulement une facilité plus grande pour compter le nombre des tours décrits par le moulinet ; nous n'en parlerons pas autrement.

On a imaginé encore divers appareils destinés à rester en permanence dans les conduites d'air, et qui marquent d'une manière constante le volume gazeux mis en mouvement. Tous ces instruments, ont été gradués par comparaison avec l'*anémomètre* de M. Combes.

Louis Figuier

CHAPITRE IV

LA VENTILATION PAR ASPIRATION ET LA VENTILATION PAR REFOULEMENT. — ÉTUDE DE LA VENTILATION PAR APPEL. — CHEMINÉES D'APPEL. — LEURS PROPORTIONS. — LEUR FOYER. — DIVERS MOYENS D'ÉCHAUFFER L'AIR ASCENDANT. — TEMPÉRATURE ET VITESSE DU COURANT D'AIR. — SENS DE L'APPEL. — AVANTAGES DE L'APPEL EXÉCUTÉ PAR EN BAS.

On peut diviser en deux groupes les systèmes qui sont mis en usage pour opérer la ventilation : l'aspiration de l'air vicié au moyen d'un foyer, c'est-à-dire la ventilation exécutée par appel, et le refoulement de l'air vicié produit par une masse d'air pur, qu'on lance, par l'effet d'un moteur mécanique, dans la pièce à assainir.

Ce chapitre sera consacré à la *ventilation par appel*.

Si le lecteur veut bien se reporter à ce que nous avons dit du tirage en général, dans la Notice sur le *chauffage*, il comprendra sans peine le principe de la ventilation par appel.

Supposons que l'intérieur d'un édifice communique avec un canal vertical, d'une certaine hauteur, dans lequel on puisse échauffer l'air, par un moyen quelconque. Cet air, dilaté par la chaleur, tendra à s'élever ; il produira un tirage, qui appellera l'air extérieur dans l'édifice, et de cette manière, la ventilation sera établie.

Pour que le courant persiste, il faut, évidemment, que la chaleur soit continuellement fournie à l'air de la cheminée d'appel, et que les orifices d'accès de l'air extérieur demeurent suffisamment ouverts.

La ventilation pourra être accrue ou diminuée à volonté, si, les ouvertures d'entrée n'offrant jamais de résistance notable, on chauffe plus ou moins l'air à sa sortie ; et la ventilation sera régulière et constante, si rien ne change dans les conditions que nous venons d'exprimer.

La manière la plus simple de produire l'appel consiste à faire passer l'air de la cheminée d'appel à travers une grille chargée de houille ou de coke.

Telle est la disposition représentée par la figure 244.

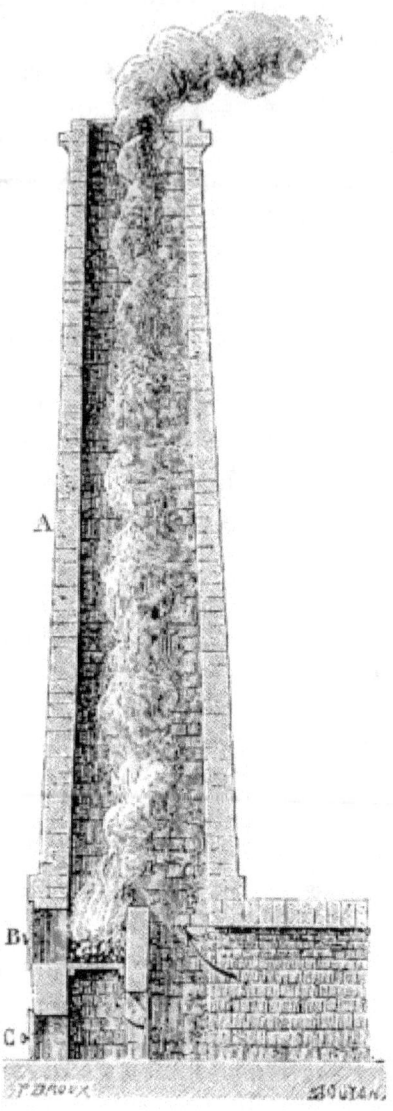

Fig. 244. — Ventilation par appel.

L'activité du tirage dépend en grande partie de la hauteur de la cheminée. Aussi y aura-t-il toujours avantage à placer le foyer dans les caves de l'édifice, et à faire monter le conduit le plus

Louis Figuier

haut possible au-dessus des combles. Il faut encore éviter que l'air vicié versé dans l'atmosphère, ne puisse être repris par les ouvertures d'appel de l'air pur, ou que, rabattu par les vents, il ne puisse incommoder les voisins. Toutes ces raisons conduisent à faire donner aux cheminées ventilatrices, comme aux cheminées d'usine, une élévation considérable.

Une section trop étroite obligerait, pour expulser un certain volume d'air en un temps déterminé, à chauffer plus fort, pour augmenter la vitesse du courant. Or, le calcul et l'expérience montrent que la dépense en combustible s'accroît hors de proportion avec la vitesse communiquée à l'air.

Une section trop grande, et une vitesse trop faible, exposent aux courants descendants, qui se produisent très-facilement dans les cheminées larges et peu chaudes. On pourrait voir alors la ventilation diminuer, est même l'air vicié et chargé de fumée, rentrer dans les appartements et doubler l'infection.

Une vitesse convenable est celle qui ne varie qu'entre les limites de 1 mètre à $1^m,25$ par seconde. La section de la cheminée et la quantité de combustible à brûler, doivent être calculés d'après la hauteur qu'on peut donner au conduit et d'après le volume d'air à débiter. Nous renvoyons pour les formules mathématiques et leur discussion, aux ouvrages spéciaux de MM. Péclet et Grouvelle.

De même que, dans une ventilation bien entendue, la section de la cheminée et la vitesse de l'air ne peuvent varier qu'entre certaines limites ; de même aussi, la température communiquée à la colonne gazeuse, ne doit varier qu'entre les limites de 20 à 25 degrés comptés en excès sur la température extérieure.

Il faut mélanger l'air sorti du foyer et le reste de l'air à expulser, le plus uniformément et le plus rapidement possible. À cet effet, M. Grouvelle a imaginé une disposition très-simple, qu'il a appliquée à la grande cheminée ventilatrice de la prison Mazas. Cette disposition est représentée par la figure 245.

Le foyer est placé dans un petit poêle A, et la fumée s'en échappe par un tuyau de fonte B, aboutissant à une couronne circulaire, C, percée de trous à sa partie supérieure et munie de petits tubes a, de 10 centimètres de diamètre. Ces petits tubes distribuent uniformément la fumée dans toute la section du conduit, et en

CHAPITRE IV

échauffent l'air d'une façon très-égale. L'air vicié arrive par le vaste canal D que l'on remarque à la base de la cheminée et, après avoir traversé le foyer et la couronne de petits tubes, s'écoule avec la fumée dans le tuyau de cheminée E.

Fig. 245. — Cheminée ventilatrice de la prison Mazas.

Il est encore plusieurs moyens de donner la chaleur à la colonne ascendante de la cheminée d'appel.

Louis Figuier

Un des procédés que l'on peut signaler à cet égard, a une grande analogie avec les calorifères à air chaud. On fait traverser aux gaz du foyer des tubes horizontaux ; une soupape ferme la cheminée, et force les gaz ascendants à passer entre les tubes et à s'y échauffer ; puis la colonne d'air chaud prend sa route verticale.

Dans certains cas, c'est-à-dire quand le foyer d'appel doit être placé au haut de l'édifice, c'est-à-dire dans les combles, où il y aurait inconvénient à placer des cheminées, on a chauffé le tuyau de la cheminée d'appel avec un calorifère à circulation d'eau chaude. L'eau envoyée par la chaudière établie au bas de l'édifice, vient parcourir un serpentin placé dans la cheminée, et, échauffant cet espace, produit l'appel voulu. C'est ce qui a été fait, comme nous le verrons, dans une des ailes de l'hôpital Lariboisière, à Paris.

Cette disposition est toutefois vicieuse, car la plus grande partie de la chaleur dépensée est perdue pour le tirage. Elle peut cependant rendre quelques services lorsque l'édifice à ventiler possède un foyer qui est en activité pendant toute l'année, pour un usage quelconque, ainsi qu'il arrive dans la plupart des usines. Les frais nécessités par les soins à donner au foyer spécial à la cheminée, sont alors supprimés. Mais il n'y aurait pas économie à construire un foyer muni de ces dispositions, expressément pour cet usage ; car jamais toute la chaleur du combustible ne pourrait être utilisée. Il faut toujours compter sur une perte de 30 pour 100 par la transmission de la chaleur, et si une cheminée destinée à l'évacuation de 20 000 mètres cubes d'air par heure, brûle 21 kilogrammes de houille pendant ce même espace de temps, avec le procédé ordinaire, la dépense monterait à 27 ou 28 kilogrammes de combustible avec le meilleur appareil à circulation d'eau chaude.

On avait espéré beaucoup, dans ces derniers temps, du moyen qui consiste à produire l'appel par des jets de vapeur lancés dans la cheminée. Cette idée fut mise en avant et exécutée par M. Méhu, ancien élève de l'École des mineurs de Saint-Etienne. L'appareil qu'employa M. Méhu pour ventiler un puits de charbonnage d'une mine de Saint-Etienne, se composait de six tuyaux verticaux, ouverts à leur partie supérieure, et branchés par l'autre extrémité sur le tube horizontal apportant la vapeur.

On fit de nombreuses expériences, en variant le diamètre, la

CHAPITRE IV

longueur des tuyaux par où se dégagerait la vapeur. On lança cette vapeur en quantités variables, par jets continus ou intermittents. De cette étude, fort longue, il résulta que le travail utile ne dépassait guère les 5 ou 6 centièmes du travail dépensé. Le rendement, en somme, resta inférieur à celui des plus mauvaises machines ventilatrices.

La ventilation par appel est d'une simplicité remarquable, elle n'exige d'autre soin que celui d'entretenir le foyer. À cette condition, elle n'est jamais interrompue, et elle est suffisamment régulière, bien qu'on ait à charger par intervalles la grille de combustible nouveau, car les parois de la cheminée conservent une certaine quantité de chaleur, et la transmettent à l'air, quand l'intensité du foyer s'est ralentie.

L'air vicié appelé par le foyer est évacué de chaque étage au moyen des conduits percés dans les murs, ainsi que le montre la figure 246. On voit le foyer, B, placé dans les combles de la maison, et surmonté de la cheminée d'appel, C. Les ouvertures A, A, percées au bas de chaque pièce, laissent passer, dans un conduit latéral aboutissant à la cheminée d'appel, l'air attiré par l'appel du foyer.

La ventilation par aspiration que nous venons de décrire est très-fréquemment employée. Cependant elle a bien des inconvénients. Nous ferons connaître ses défauts quand nous aurons étudié la ventilation *par refoulement d'air.*

Louis Figuier

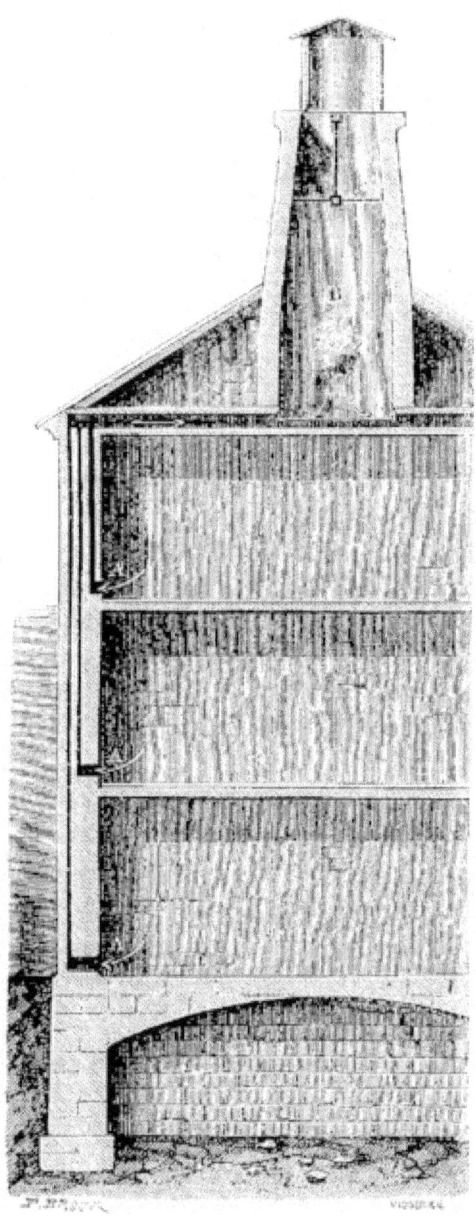

Fig. 246. — Tuyaux d'évacuation de l'air vicié et foyer d'appel
dans la ventilation par aspiration.

CHAPITRE IV

CHAPITRE V

LA VENTILATION PAR REFOULEMENT. — RENDEMENT
CONSIDÉRABLE DES VENTILATEURS MÉCANIQUES. — NOMBREUX
CAS OÙ ILS SONT PRÉFÉRABLES AUX CHEMINÉES D'APPEL.

La ventilation par refoulement ne demande qu'une quantité de combustible bien inférieure à celle qu'exigent les foyers des cheminées d'appel, à égal volume d'air expulsé.

Cette proposition n'a pas besoin de grands développements. On comprend qu'il soit nécessaire de brûler beaucoup plus de charbon dans un foyer, pour appeler l'air et le dilater par le calorique, que pour mettre en action une machine à vapeur, dans laquelle tout est calculé pour tirer le plus grand parti possible, comme effet mécanique, du combustible brûlé sous la chaudière.

Outre la supériorité évidente que la ventilation mécanique présente, eu égard à l'économie, sur la ventilation par appel, il est des circonstances dans lesquelles on ne peut se dispenser d'en faire usage. Tel est le cas des mines de charbon qui sont exposées au dégagement du *feu grisou*, parce que les cheminées à foyer que l'air aurait à traverser, feraient courir trop de dangers d'explosion. Tel est encore le cas des puits d'aérage dans les mines à l'intérieur desquelles l'eau suinte en grande abondance. Cette eau refroidirait très-rapidement la colonne ascendante d'air chaud, et par ce refroidissement paralyserait l'effet d'aspiration.

On trouve encore avantage à employer la ventilation mécanique, toutes les fois que l'établissement possède un moteur. Le moteur peut être appliqué en même temps à faire marcher les appareils ventilateurs. C'est ce que l'on fait dans la plupart des usines manufacturières.

Les ventilateurs mécaniques sont d'une installation facile. Ils n'exigent pas la construction de hautes cheminées, comme les foyers d'appel. Mais leur principal avantage à nos yeux, c'est qu'ils peuvent produire aussi bien le refoulement de l'air pur dans les salles, que l'extraction de l'air vicié par appel.

Ce serait une tâche très-longue que de décrire les nombreux appareils qui ont été proposés, ou qui sont en usage, pour produire la ventilation mécanique. C'est surtout dans les mines que ces appareils sont employés.

Pour fixer les idées, nous décrirons le plus ancien de ces ventilateurs, c'est-à-dire la *pompe aspirante à pistons*, telle que la représente la figure 247.

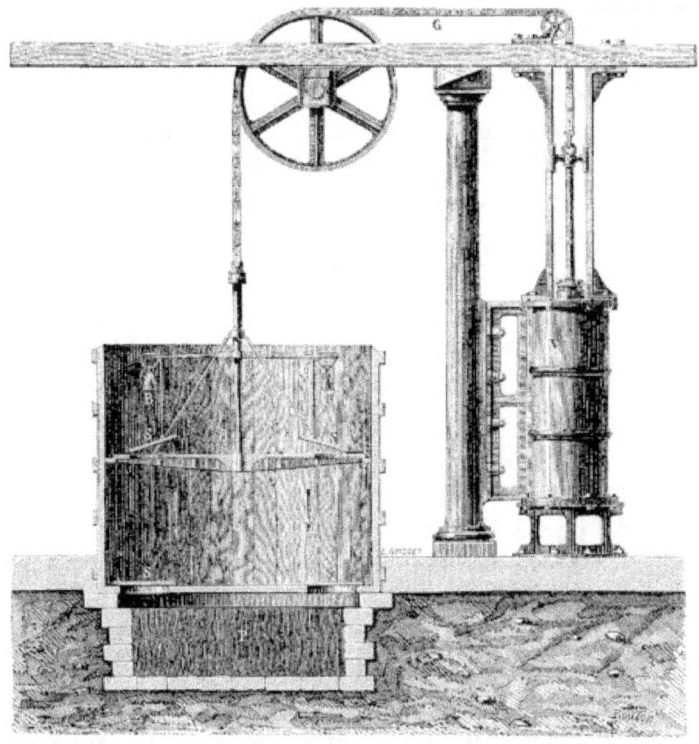

Fig. 247. — Machine aspirante ou soufflante employée pour la ventilation des mines.

Deux cylindres semblables au cylindre C C, construits en bois et cerclés de fer, recouvrent, chacun par leur fond, l'ouverture supérieure du puits d'aérage, P. Un piston A se meut de haut en bas dans chaque cylindre. Le fond du cylindre est muni de soupapes S', S', qui s'ouvrent lorsque le piston remonte et produisent l'aspiration ; elles se ferment au moment de la descente du piston. Alors, d'autres soupapes, S, S, percées dans le piston même, laissent

CHAPITRE V

écouler au dehors l'air contenu dans le cylindre.

Une machine à vapeur verticale, V, donne le mouvement alternatif aux pistons, par la transmission d'une chaîne plate, G, passant sur une poulie à grand rayon, H. Des contre-poids B, B équilibrant exactement le poids, font que ces soupapes s'ouvrent par la plus légère pression de l'air aspiré.

Les machines aspirantes ou soufflantes sont en usage dans plusieurs mines de l'Europe.

Nous devons ajouter que ces pompes peuvent fonctionner à volonté comme machines aspirantes ou comme machines soufflantes. Par une simple modification dans les soupapes, on peut faire servir ces pompes à injecter de l'air par refoulement, ou à attirer l'air de la mine par aspiration.

Les autres systèmes de ventilation mécanique employés dans les mines, sont les *cloches plongeantes* qui fonctionnent dans les mines du Hartz, — la vis *aspirante* de Motte que nous décrirons en son lieu, parce qu'elle est en usage pour les ventilateurs des édifices et des habitations privées, — les vis aspirantes du même système, construites par Sabloukoff et par Lesoinne ; — le *ventilateur à ailes courbes* de M. Combes ; — la *roue pneumatique* de Fabry, etc., etc.

Nous nous bornons à mentionner par leurs noms les différents ventilateurs en usage dans les mines. Nous sortirions de notre cadre, si nous entrions dans l'examen particulier de ces appareils qui appartiennent spécialement à l'art métallurgique. Nous décrirons plus loin les appareils mécaniques qui servent à opérer par refoulement d'air la ventilation des édifices, des établissements publics et des maisons particulières. Pour le moment, nous avons dû nous contenter de poser le principe général de la ventilation par refoulement opérée au moyen d'aspirateurs mis en action par un agent mécanique, et à citer comme exemple à l'appui les machines soufflantes des mines.

CHAPITRE VI

COMPARAISON ENTRE LES DEUX SYSTÈMES DE VENTILATION PAR APPEL ET DE VENTILATION PAR REFOULEMENT D'AIR. — SUPÉRIORITÉ DU SYSTÈME PAR REFOULEMENT. — MAUVAIS

EFFETS DE L'AIR ASPIRÉ ; BONS EFFETS DE L'AIR INSUFFLÉ. —
RÉFUTATION DE L'OPINION DE M. LE GÉNÉRAL MORIN.

Des deux modes de ventilation que nous venons de décrire, la ventilation par appel au moyen d'un foyer, et le refoulement de l'air par un appareil mécanique, quel est celui qu'il faut préférer pour le renouvellement de l'air dans les habitations privées et les édifices publics ? Le système le plus en faveur, il faut le reconnaître, c'est la ventilation par appel. Seulement, nous ne nous rangerons pas ici à l'opinion générale, et nous espérons que les considérations qui vont suivre, amèneront le lecteur à partager notre sentiment à cet égard.

La ventilation par appel est entachée d'une foule d'inconvénients, que nous allons énumérer.

En premier lieu, quand elle fonctionne dans une maison d'habitation, elle gêne et entrave le tirage de toutes les cheminées.

Supposons qu'une bonne cheminée d'appel, semblable à celle que nous avons représentée plus haut (fig. 244), soit adaptée à une maison, pour la ventiler. Le tirage des cheminées et des autres appareils de chauffage, sera contrarié par le tirage puissant de ce foyer d'appel. Tous les appartements de la maison se rempliront de fumée. Bien plus, si l'action de la cheminée d'appel est plus forte, le gaz des fosses d'aisances et les odeurs des cuisines, répandront partout leur infection. Les locataires seront obligés de s'abriter contre cet appel désastreux, de se préserver, en se clôturant, des bienfaits d'une malencontreuse ventilation.

Il ne faut pas croire que les choses se passent autrement partout où la ventilation est faite par appel. Dans les théâtres, où la ventilation par appel est établie, l'air froid des couloirs s'engouffre dans les loges. Dès qu'on ouvre une porte, des vents coulis sifflent continuellement par les joints. À leur tour les couloirs se remplissent des odeurs de toutes les parties de l'édifice. On répond qu'il faut chauffer l'air des couloirs pour éviter cette impression fâcheuse ; mais alors, où est l'économie ? Ce n'est qu'éloigner la difficulté, et non la résoudre.[1]

---

1 Au grand amphithéâtre du Conservatoire des arts et métiers de Paris, M. le général Morin a dû faire établir des doubles portes, et chauffer le couloir pour éviter

Les salles des hôpitaux sont à chaque instant infectées par les émanations des fosses d'aisances ; et pourtant on tâche de ventiler ces fosses par un appel plus puissant que celui des salles.

La ventilation par refoulement écarte tous ces inconvénients. Grâce à l'excès de pression, les cheminées ne flambent que mieux et n'ont pas de tendance à fumer ; les odeurs, les émanations diverses, sont refoulées dans leurs conduits, et ne peuvent s'écouler qu'au dehors. Cette ventilation est réelle, efficace au plus haut point ; car l'air, amené de cette manière, se disperse mieux, comme nous le montrerons dans un instant. L'ouverture accidentelle des fenêtres ou des portes, n'amène aucune perturbation ; seulement la pression diminue pendant ce moment, et l'écoulement de l'air refoulé est plus rapide.

Ventiler par appel, c'est se priver des bienfaits de l'air condensé ; c'est se soumettre continuellement à la gêne de respiration que l'on éprouve quand le baromètre baisse et que le temps est à l'orage.

Tout le monde sait que l'on respire plus facilement dans une atmosphère dense que dans un air raréfié ; et il n'est plus douteux aujourd'hui que les pressions atmosphériques considérables n'aient une influence favorable sur la santé. C'est pour cela que M. Gubler, professeur à la Faculté de médecine de Paris, propose d'établir une station médicale dans la vallée de la mer Morte, qui se trouve à 430 mètres plus bas que le niveau de l'Océan.

L'air conduit d'autant mieux les sons qu'il est plus dense. C'est pour cela que ventiler les théâtres par appel, est, à nos yeux, une hérésie scientifique.

Les ingénieurs et les physiciens objectent que la différence de pression entre les deux systèmes est faible, et qu'elle n'équivaut pas même aux variations du baromètre. Mais, lorsqu'il s'agit d'air respirable, les petites variations acquièrent une grande importance.

La ventilation par excès de pression est, comme nous l'avons déjà dit, plus économique que celle par appel, puisqu'elle permet d'employer les appareils mécaniques mus par la vapeur, et dans lesquels la force motrice est mise à profit avec une économie remarquable.

En été, les cheminées d'appel sont médiocrement efficaces et

---

l'entrée dans l'amphithéâtre de l'air froid du dehors.

Louis Figuier

coûtent très-cher, vu la dépense du combustible, parce que l'air à expulser est sensiblement à la température extérieure. Au contraire, les ventilateurs mécaniques agissent en toute saison avec la même régularité.

Les appareils mécaniques sont aussi ceux qui conviennent le mieux à la ventilation renversée.

Sur tous ces points nous sommes en complet désaccord avec un savant qui s'est consacré d'une manière toute spéciale à l'étude de la question qui nous occupe, M. le général Morin. L'honorable directeur du Conservatoire des arts et métiers est un partisan décidé de la ventilation par appel, et il l'a prouvé en installant ce système dans tous les établissements et édifices, théâtres et hôpitaux, pour la ventilation desquels il a été consulté. Nous ne terminerons pas ce chapitre sans essayer de réfuter les arguments que M. le général Morin a produits en faveur de son système de prédilection. Nous prouverons ainsi l'estime que nous faisons de ses opinions et de son autorité.

Fig. 248. — Le général Morin.

« La ventilation par insufflation ou par appareils mécaniques

CHAPITRE VI

exige, dit M. le général Morin dans un *Manuel pratique du chauffage et de la ventilation*, outre les cheminées et les conduits d'évacuation communs aux deux systèmes, des machines soufflantes et des machines motrices, avec des conduits particuliers pour l'amenée de l'air insufflé. Elle nécessite l'intervention d'ouvriers spéciaux, mécaniciens et chauffeurs, et des frais d'entretien.[1] »

Nous répondrons à cet argument, que le système par insufflation n'exige point « des cheminées et des conduits d'évacuation », comme le système par les cheminées d'appel. Ces quelques lignes de l'ouvrage de M. le général Morin tendraient à montrer que le système par appel est le plus économique, ce qui est contraire aux faits.

« Pour les hôpitaux ou pour les bâtiments ayant plusieurs étages de salles, continue M. Morin, le système de l'insufflation n'offre pas les mêmes garanties que le système de l'aspiration contre la diffusion de l'air vicié d'une salle dans une autre, ni contre les rentrées d'air vicié par les orifices des canaux d'évacuation ou par les fissures de leurs parois, quand une circonstance accidentelle, comme l'ouverture des portes ou des fenêtres, vient troubler l'état habituel de pression et de mouvement intérieur des salles. »

Nos lecteurs verront plus loin que nous n'adoptons ni l'un ni l'autre de ces systèmes pour la ventilation des hôpitaux. Le système que préconise le général Morin n'est pas autre chose que la méthode dite *naturelle*, dont nous montrerons tout à l'heure les inconvénients. C'est la ventilation par appel qui soulève les poussières et les corpuscules miasmatiques, et dont les orifices d'arrivée produisent des vents si désagréables. Que l'on y ajoute le défaut de pression, déjà par lui-même défavorable à la santé, et qui de partout attire infailliblement toutes les émanations imaginables, et l'on décidera s'il est logique de préférer la méthode de l'appel à celle de l'insufflation.

---

1 Page 35.

Louis Figuier

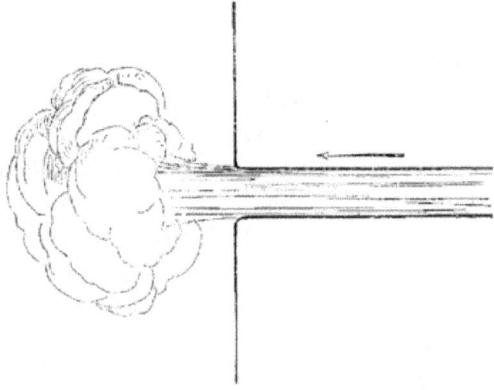

Fig. 249. — Veine d'air insufflée.

Dans un autre de ses ouvrages[1] M. le général Morin montre comment se comporte une veine d'air amenée par appel ou par insufflation dans un espace quelconque :

La Veine d'air insufflée s'éparpille bientôt en tourbillon. C'est ce que représente la figure 249.

Appelée, au contraire, elle s'étire de loin, sans émouvoir les couches voisines, comme le montre la figure 250.

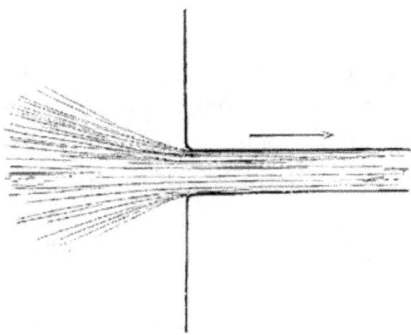

Fig. 250. — Veine d'air aspirée.

1 *Études sur la ventilation*, t. I, p. 101 et suiv.

CHAPITRE VI

Naturellement, il y a moins de pertes de forces dans le second cas que dans le premier.

M. Morin croit pouvoir conclure de ce fait, que la ventilation par appel demande moins de travail, est plus économique, que le système par refoulement. Le savant auteur paraît oublier que pour faire passer à travers une salle un volume d'air quelconque, et cela, dans l'un ou l'autre des deux systèmes, on se sert de deux orifices ; que si, à la première ouverture, il y a insufflation, il y aura appel à la seconde, et inversement ; de telle sorte que la compensation est établie.

S'il pouvait y avoir supériorité d'un côté, ce serait évidemment en faveur du système par pulsion, et avec la ventilation renversée, puisqu'ici l'ouverture à effets insensibles est celle qui est la plus proche des personnes qui séjournent dans le lieu considéré, et que la dispersion opérée par la bouche éloignée qui souffle, est au moins utilisée à répandre l'air pur d'une manière plus égale.

L'expérience prouve, en effet, que l'on peut sous les pieds mêmes des personnes, et sans qu'elles s'en aperçoivent, opérer l'extraction de l'air vicié.

CHAPITRE VII

LA VENTILATION RENVERSÉE. — SES AVANTAGES SUR LA MÉTHODE DITE NATURELLE.

Après ce parallèle entre les deux systèmes rivaux de ventilation, nous avons à parler de la méthode dite de *ventilation renversée*, qui s'applique, quelle que soit la manière dont on opère la ventilation.

Les trois principes fondamentaux de l'art de ventiler, sont les suivants : 1° renouveler intégralement, en un certain espace de temps, l'air du local que l'on considère ; 2° placer les bouches d'arrivée de l'air pur le plus loin possible des personnes, afin de leur éviter la sensation d'un vent très-désagréable ; 3° placer les bouches de sortie de l'air vicié le plus près possible des personnes, afin d'assurer la plus grande pureté de l'air de la salle.

La *ventilation renversée* atteint parfaitement ce triple but ; et la

Louis Figuier

ventilation dite *dans le sens naturel* les manque tous les trois.

Supposons une éprouvette, A (*fig.* 251), munie d'un robinet à sa partie inférieure, dans laquelle on aurait versé de l'eau, et mis, par-dessus ce liquide, une couche d'huile, qui surnagerait en vertu de sa plus grande légèreté. Qu'on vienne à ouvrir le robinet, l'eau s'écoulera dans le vase B, et l'huile descendra lentement et régulièrement jusqu'au fond du vase.

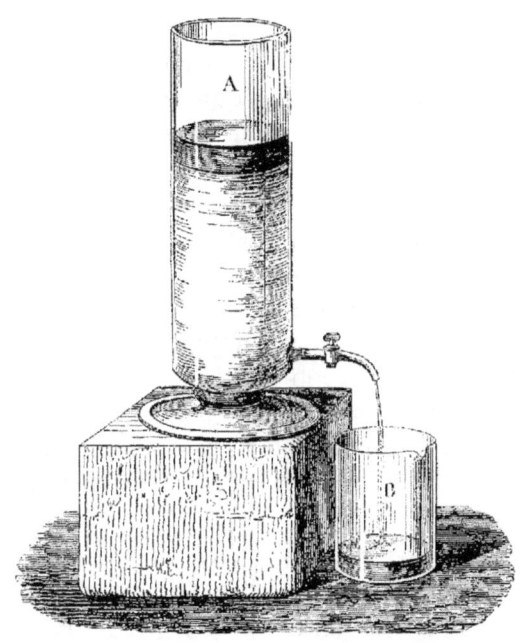

Fig. 251. — Éprouvette contenant de l'huile et de l'eau.

Les choses se passent exactement de la même manière dans une salle assainie par la *ventilation renversée*. L'air pur, amené par le haut, plus chaud et plus léger, représente l'huile ; l'air refroidi du bas de la salle est représenté par l'eau à expulser. Dans ce cas, les conduits de sortie étant percés vers le bas de la salle, l'air vicié s'écoule, et l'air pur le remplace continuellement, sans se mélanger avec lui.

Le renouvellement est donc intégral, parfait, et la première

CHAPITRE VII

condition est remplie.

Quant aux deux autres conditions, est-il nécessaire de montrer, que les personnes se trouvant plus près du parquet que du plafond, les orifices de sortie de l'air seront rapprochés d'eux, et les orifices d'arrivée aussi éloignés que possible ?

Dans le système de ventilation par appel, les bouches de sortie sont au bout de la salle, et les bouches d'arrivée près du parquet. C'est le système le plus généralement appliqué. On le trouve naturel, parce qu'on pense que les gaz de la respiration et les produits de l'éclairage, étant plus chauds que l'air ambiant, ont de la tendance à monter plutôt qu'à descendre, et doivent être expulsés plus facilement par le haut de la salle que par le bas. Mais on n'a pas songé à la densité considérable de l'acide carbonique, provenant de la respiration et de l'éclairage. La densité de ce gaz est une fois et demie plus considérable que celle de l'air. On doit considérer que l'acide carbonique, quand il a perdu son excès de température, doit retomber, en vertu de son poids ; de sorte que telle molécule de ce gaz, incessamment sollicitée à monter par la direction du courant de ventilation, sera successivement respirée par plusieurs personnes. Échauffée par la chaleur des poumons, elle s'élèvera, pour retomber au niveau des individus, et ainsi de suite. Elle sera donc incessamment en mouvement dans les salles, et jamais expulsée.

L'air pur et chaud arrivant par le bas, tend à se porter, du premier coup, dans les couches les plus élevées. Sollicité directement par l'appel des bouches aspirantes, il s'y dirige, en ligne droite, sans se mêler sensiblement aux autres gaz, et sans entraîner avec lui beaucoup d'air vicié. La ventilation ainsi faite est illusoire. On s'imagine renouveler l'air, et l'on ne fait que produire des courants désagréables.

Les faits vont venir à l'appui des considérations théoriques, pour démontrer combien est vicieuse la méthode de ventilation, calquée, dit-on, sur la nature.

La salle de la Chambre des communes, à Londres, était ventilée par la méthode naturelle. L'air chaud, très-divisé à son entrée, pénétrait par des bouches ouvertes sous les pieds des membres du Parlement. Or, ceux-ci se plaignirent vivement des singuliers effets de ces

Louis Figuier

bouches de chaleur. On diminua la ventilation jusqu'à la limite de température la plus basse : les honorables membres continuèrent de se plaindre. On couvrit les ouvertures d'un tapis, pour mieux tamiser l'air à son arrivée, et rendre son souffle insensible. Mais cette atténuation apportée au mal parut insuffisante, et les nobles lords demandèrent un autre système de ventilation.

Au palais du Luxembourg, l'ancienne Chambre des pairs, qui sert aujourd'hui aux réunions du Sénat, était chauffée et ventilée par de l'air chaud, qui arrivait par la base des gradins, derrière les fauteuils des membres de cette assemblée. Les plaintes des Sénateurs contre cette disposition furent tellement vives, que ce système dut être abandonné.

La salle du Corps législatif est ventilée de la même manière ; seulement les bouches de chaleur sont rares, et nos députés ont le soin de ne pas trop s'en approcher.

Ces exemples sont décisifs contre la ventilation naturelle.

En résumé, avec cette méthode, pas de renouvellement intégral de l'air, et en outre, le désagrément du voisinage des bouches d'arrivée, et le défaut de l'éloignement des bouches de départ.

On prétend qu'avec la ventilation naturelle les personnes respirent de l'air pur. Illusion ! Nous savons déjà à quoi nous en tenir sous le rapport du gaz acide carbonique. Mais est-il pur, l'air qui a frôlé les chaussures et léché les corps tout entiers, avant d'arriver aux organes olfactifs ? Est-il pur, l'air qui soulève les poussières et les maintient en suspension dans l'atmosphère ? Et s'il s'agit des hôpitaux, l'air qui porte avec lui les miasmes, et les répand d'un malade à un autre, est-il plus pur que l'air qui, arrivant par les parties supérieures, n'a rien touché dans sa marche, et rabat, au contraire, tous les corpuscules contre terre ?

On a dit que la ventilation renversée augmente les dépenses. Le fait est loin d'être établi. Qu'importerait, d'ailleurs, un léger surcroît de dépenses, si ce moyen était seul efficace ?

Concluons, que, dans la généralité des cas, la ventilation renversée, c'est-à-dire l'évacuation de l'air vicié opérée par le bas de la salle, est bien préférable à l'évacuation par le haut, c'est-à-dire à la méthode dite *naturelle*.

Terminons ce chapitre, en disant qu'il est nécessaire, comme

CHAPITRE VII

nous l'avons établi dans la *Notice sur le Chauffage*, de donner à l'air nouveau qui doit ventiler les pièces, le degré d'humidité nécessaire à la température du lieu ventilé. Si cette température, comme c'est le cas habituel, est de 15 ou 18 degrés, l'air devra être à moitié saturé de vapeur d'eau, c'est-à-dire qu'il devra en contenir environ sept grammes par mètre cube. Telle est la proportion adoptée par les médecins qui se sont occupés de ce point particulier de la science.

Cela revient à dire que l'*hygromètre à cheveu* de Saussure doit, en tout temps, marquer à peu près 75 degrés dans les lieux de réunion et les habitations particulières soumis à un bon système de ventilation.

CHAPITRE VIII

VENTILATION DES SALLES DE BAL, DE CONCERTS, DE RÉUNIONS. — EFFET DES TOITURES VITRÉES. — LES SALONS DES TUILERIES ET DE L'HÔTEL DE VILLE. — VENTILATION DU GRAND AMPHITHÉÂTRE DU CONSERVATOIRE DES ARTS ET MÉTIERS. — VENTILATION DES ÉCOLES. — VENTILATION DES THÉÂTRES. — LE THÉÂTRE LYRIQUE À PARIS. — LE THÉÂTRE DE LA GAITÉ ET CELUI DU CHÂTELET. — LE THÉÂTRE DU VAUDEVILLE.

Il nous reste à appliquer aux différents cas de la pratique les principes que nous venons d'exposer, et à apprécier ce qui a été fait en cette matière. Nous nous occuperons d'abord du cas le plus simple, c'est-à-dire des locaux dans lesquels un grand nombre de personnes se réunissent pendant un temps très-court, et qui demandent en général une ventilation énergique et de peu de durée, comme les salles de bal, de concert, de réunions publiques, les amphithéâtres des cours, les écoles et les théâtres.

Ventilation des salles de bal, de concert et de réunions publiques. — En général, les salles de bal ne sont pas ventilées. C'est pour cela que les invités ne tardent pas à être pris de véritables souffrances, auxquelles on porte remède par le moyen, dangereux et grossier, qui consiste à ouvrir les fenêtres, quand la chaleur est devenue suffocante et l'air décidément irrespirable.

Non-seulement les salles de bal ne sont pas ventilées, mais le

Louis Figuier

maître de la maison a grand soin, pour donner plus d'élégance à l'aspect du salon, de fermer le devant de la cheminée, avec des fleurs ou toute autre chose. Le tuyau de la cheminée pourrait offrir une issue tutélaire à l'air vicié par la respiration de centaines de personnes et par des certaines de bougies ; mais la fâcheuse habitude qui consiste à boucher le devant de la cheminée, ôte cette dernière planche de salut, et transforme le salon en une prison parfaitement close. Nous sommes toujours surpris quand nous voyons cette vicieuse coutume mise en pratique dans les bals et soirées donnés chez des hommes, pourtant fort instruits, des physiciens, des ingénieurs, des chimistes. Cela prouve combien les principes et l'utilité de la ventilation sont encore mal compris et peu répandus.

En raison de la poussière soulevée par les mouvements précipités des danseurs, par suite de l'augmentation de l'activité respiratoire qui est la conséquence de ces mêmes mouvements, en raison du grand nombre de personnes réunies dans le même lieu, les salles de bal devraient être soumises à une ventilation active. Mais, nous le répétons, partout on se contente d'ouvrir une fenêtre, quand les invités se plaignent du manque d'air ou de la chaleur, et tout aussitôt un courant d'air froid fait irruption dans la salle, frappant des têtes et des épaules nues, prenant à l'improviste des personnes en état de transpiration, les exposant ainsi à des maladies sérieuses.

Le même reproche est applicable à la plupart des salles de concert, de conférences et de réunions publiques.

Nous proposons d'appliquer à ces salles la disposition représentée par la figure 252.

Au-dessus de la salle, en A, est un ventilateur mécanique quelconque, une *vis de Motte*, par exemple, qui pousse, dans un conduit, G, ménagé immédiatement au-dessus du plafond, l'air chaud provenant d'un calorifère, ainsi qu'une certaine quantité, variable, d'air froid amené du dehors, et que l'on règle à l'aide d'un registre, dont est munie l'ouverture extérieure du canal G. Air chaud et air froid sont aspirés par le mouvement de la vis, et mélangés dans le parcours du conduit, lequel, par conséquent, sert aussi de chambre de mélange.

CHAPITRE VIII

Fig. 252. — Système de ventilation des salles de réunions.

Des ouvertures nombreuses, C, C, percées dans le plafond, et autant que possible, dissimulées par les ornements, par exemple un grillage dont les orifices servent en même temps de décor, livrent passage à l'air pur. Cet air, pressé par les nouveaux volumes d'air lancés par la vis, descend en couches régulières jusqu'au bas de la salle, où il s'écoule par les ouvertures, B, B, aboutissant dans un conduit qui court sous le parquet et va s'ouvrir au dehors.

C'est, on le voit, la ventilation renversée ; le sens du mouvement est indiqué par la direction des flèches.

Nous avons dit que l'appareil destiné à produire le refoulement de l'air doit être un ventilateur quelconque, et par exemple les *vis de Motte*. Il sera donc utile de décrire ici cet organe, très-simple, très-efficace, et qui peut être établi partout.

La *vis de Motte* se compose de deux surfaces hélicoïdales s'enroulant en sens inverses autour d'un axe. Les hélices peuvent décrire un pas entier (*fig.* 253), ou seulement un demi-pas (*fig.* 234).

Louis Figuier

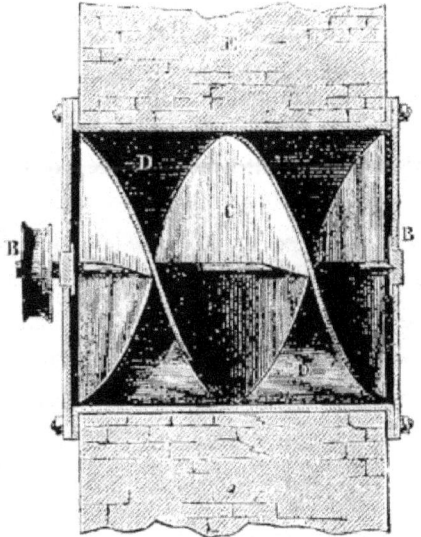

Fig. 253. — Vis de Motte.

Fig. 254. — Vis de Motte.

CHAPITRE VIII

La vis C ainsi construite est placée dans un cylindre fixe, DD, ouvert à ses deux bouts, et communiquant d'une part avec le conduit d'arrivée de l'air, d'autre part avec le conduit de départ.

L'axe de la vis forme l'axe géométrique du cylindre, et le diamètre intérieur de celui-ci est égal au diamètre de la vis, ou, tout au moins, très-peu supérieur pour éviter autant que possible les retours de l'air entre les bords de la vis et la paroi cylindrique.

Une force motrice quelconque donne le mouvement à la vis, par l'intermédiaire d'une poulie de renvoi qui fait tourner l'axe BB.

Cet appareil, d'une construction facile, peut être installé partout, même dans des canaux cylindriques fort étroits.

Nous insistons pour que les bouches d'arrivée et de sortie soient aussi nombreuses que possible, afin de rendre les courants insensibles par leur division même, et de mieux mettre en mouvement la totalité de l'air. Les ouvertures inférieures devront être percées un peu au-dessus du parquet : sans cette précaution, elles seraient rapidement encombrées par les ordures du balayage, et la ventilation en serait amoindrie ou arrêtée. Il est bon aussi, et pour la même raison, de munir leur entrée d'une grille mobile à mailles, serrées.

La disposition que nous venons de décrire entraînerait d'importantes modifications dans l'architecture d'une maison. Nous indiquerons un moyen plus simple, mais naturellement beaucoup moins efficace, pour ventiler une salle de bal ou de réunion. Ce moyen consiste à placer au bas de la cheminée du salon, que l'on maintient bien ouverte, deux ou trois becs de gaz. La chaleur du gaz produit un appel, qui n'est pas suffisant sans doute pour renouveler en entier l'air vicié, mais qui produit cet effet dans une certaine mesure.

M. le général Morin emploie pendant tout l'été, dans son cabinet, au Conservatoire des arts et métiers, ce petit système. Les becs de gaz, loin de chauffer la pièce — puisque, placés à une certaine hauteur dans la cheminée, ils ne rayonnent que dans un conduit, — amènent plutôt un abaissement de la température. Ils appellent l'air des caves, au moyen d'un conduit particulier s'ouvrant à l'extrémité du cabinet opposée a la cheminée.

Nous dirons ici, en passant, que par les grands froids, les plafonds

Louis Figuier

vitrés causent une déperdition de chaleur énorme, et amènent une perturbation considérable dans la ventilation. Au contact du vitrage, l'air chaud de la salle se refroidit et tombe. Il est remplacé par d'autres couches d'air chaud, qui successivement éprouvent le même effet. La chaleur de la pièce se perd ainsi continuellement.

Des salons couronnés de vitraux, ou couverts d'une coupole de verre, exigent donc une attention plus grande et des dispositions plus efficaces encore pour le chauffage et la ventilation.

Les vitrages verticaux des fenêtres ordinaires ne tendent guère à refroidir que la mince couche d'air qui passe à leur contact, en léchant la muraille. Cet air tombe, à la vérité, et de nouvelles couches froides le remplacent ; mais les courants sont loin d'être aussi prononcés que dans le cas précédent. Cependant, en raison de ces circonstances, il serait très-utile de faire usage de doubles fenêtres, qui enferment un air immobile, mauvais conducteur du calorique, et sont le meilleur moyen de conserver la chaleur des appartements.

Nous disions tout à l'heure, qu'en général, les salles de bal ne sont pas ventilées. De ce fait, nous donnerons ici deux exemples éloquents.

Les grands salons du palais des Tuileries et ceux de l'Hôtel de ville de Paris, sont renommés par le luxe de leurs décors et de leur ameublement ; mais ils sont un triste exemple de l'ignorance ou de l'indifférence universelle en matière de ventilation : ils ne sont aucunement ventilés.

Pendant les soirées de bal, la salle des Maréchaux, au palais des Tuileries, renferme jusqu'à six cents personnes à la fois, c'est-à-dire deux personnes par mètre carré du parquet. D'un autre côté, des milliers de bougies y versent des flots de lumière, car l'éclairage de cette salle équivaut à quatre bougies par mètre carré de parquet. Or, une bougie produit autant de chaleur, et vicie l'air autant que le fait un homme adulte. Avons-nous besoin de dire qu'au bout de quelques heures, l'air de cette salle est devenu parfaitement irrespirable ? Les peintures qui décorent le plafond d'une autre salle des Tuileries, la *salle d'Apollon*, ont été presque entièrement effacées par la fumée des bougies.

Voilà quel est, en l'an de grâce 1869, l'état de la ventilation dans le

CHAPITRE VIII

palais des souverains de la France !

L'immense salle des fêtes de l'Hôtel de ville, longue de 47 mètres, large de 10 mètres, haute de 12 mètres, reçut 420 convives, dans le dîner qui fut offert par la ville de Paris à l'Empereur, à l'occasion de son mariage. La salle était éclairée par mille bougies ! À ces causes de viciation de l'air, ajoutons les émanations des mets, le nombre des domestiques de service, qui ne pouvait être moindre d'une centaine, et nous aurons la raison du chiffre énorme de 76 536 mètres cubes d'air par heure, que M. le général Morin demanderait pour ventiler cette salle, aux jours de pareilles solennités.

On a reculé devant les travaux considérables qu'exigerait ce système d'aération, de sorte que les salons de l'Hôtel de ville ne sont pas mieux ventilés que le palais des Tuileries, et que l'on continuera longtemps encore à y étouffer les jours de grand bal.

Ainsi, sous le rapport de l'insalubrité, les brillants salons du palais municipal de la ville de Paris, n'ont rien à envier à ceux du palais des souverains de la France. Il y aurait mauvaise grâce, après des exemples partis de si haut, à se montrer sévère à l'égard des simples particuliers, qui ne songent pas à ventiler leurs modestes salles de fêtes.

Ventilation des amphithéâtres des cours publics. — Nous signalerons un bon modèle de ce qui doit être fait pour la ventilation des amphithéâtres des cours publics, en décrivant le système qui a été établi dans l'amphithéâtre des cours du Conservatoire des arts et métiers de Paris, par M. Léon Duvoir-Leblanc, sur les indications de M. le général Morin.

La figure 255 fait comprendre le système de chauffage et de ventilation dont il s'agit.

Un calorifère à eau chaude, A, placé dans les caves, et correspondant au fauteuil du professeur, chauffe de l'air, qui, par un tuyau vertical, BG, arrive au-dessus du plafond. Là, il se mêle à une certaine proportion d'air froid venu directement de l'extérieur par le canal D, qui est pourvu d'un registre pour enrégler l'entrée et servir à opérer le mélange dans les proportions voulues, selon l'état de la température extérieure. L'appel produit par le foyer d'une cheminée, EF, placée dans la cour, oblige l'air pur à descendre dans la salle et à se porter vers les gradins, où sont percées les ouvertures

Louis Figuier

de sortie *a, a, a*. La route que suit l'air pour aller de ce point à la cheminée d'appel, E, en suivant le conduit HG, est indiquée sur la figure par des flèches.

Fig. 255. — Système de ventilation de l'amphithéâtre du Conservatoire des arts et métiers.

M. Ch. Joly, dans l'ouvrage sur le *Chauffage et la ventilation* que nous avons déjà cité plus d'une fois, dit à ce propos :

« Ceux qui, dans leur jeunesse, ont fréquenté cet amphithéâtre pour écouter les Pouillet, les Dupin, les Clément Desormes, se rappelleront encore l'état de l'atmosphère viciée par 600 ou 700 auditeurs, chez lesquels la propreté était certainement l'exception. Aujourd'hui, il n'est pas de salon à Paris où l'air soit plus pur, la température plus régulière ; et combien coûte cet inestimable bienfait ? D'après le rapport publié dans les *Annales du Conservatoire*, il y a plusieurs cours recevant en moyenne dans les deux amphithéâtres 2 000 personnes ; les frais des foyers de chauffage et de ventilation ne se sont élevés qu'à 13 ou 14 francs par jour ; ajoutez-y l'intérêt des appareils et les frais accessoires,

CHAPITRE VIII

et déduisez-en le chauffage ordinaire qui aurait lieu dans tous les cas, il restera à peine une dépense de 10 centimes par auditeur et par jour. »

Cependant, ce système est loin d'être sans défaut. Il met en œuvre, il est vrai, la ventilation renversée, mais il a pour base le système de l'appel et non le refoulement de l'air par une force motrice. Aussi, n'a-t-il pas donné tous les résultats qu'on se croyait en droit d'en attendre. À moins de soins assidus et d'une surveillance extrême, de grandes variations se produisent dans l'aération de la salle. Il paraît aussi que toutes ses parties ne sont pas également ventilées. Enfin, la diminution de pression cause une lourdeur de l'atmosphère, d'autant plus accablante que l'appel est plus actif.

Comme ce système a été exécuté par M. Duvoir-Leblanc, le mode de chauffage est le calorifère à eau chaude à haute pression. Mais les appareils à eau chaude transmettent trop lentement et conservent trop longtemps leur chaleur, pour qu'ils soient économiques dans une circonstance où l'on ne doit chauffer que deux ou trois heures par jour. Ce système est donc assez dispendieux. En outre le calorifère à eau chaude et à haute pression, est toujours dangereux. « On frémit, dit M. Péclet, en songeant aux conséquences d'une explosion qui pourrait avoir lieu au-dessous de gradins chargés de huit cents personnes. »

Ventilation des écoles. — Parmi tous les projets de ventilation des écoles, dont nous avons pris connaissance, celui qui nous paraît avoir le moins de défauts, est celui de M. Guérin, ingénieur de M. Léon Duvoir-Leblanc, qui est décrit dans l'ouvrage de M. le général Morin, *Études sur la ventilation.*

Un poêle et son tuyau sont entourés d'une enveloppe cylindrique, et aboutissant à la cheminée qui doit fonctionner comme moyen d'appel de l'air vicié, en même temps qu'elle doit donner issue à la fumée et aux gaz du foyer du calorifère.

À mesure que l'air froid du bas de la salle est aspiré par l'effet de la chaleur du poêle, les couches supérieures descendent jusqu'aux bancs des élèves, et l'air vicié est pris par des ouvertures percées à la base de ces bancs. Il passe sous le parquet, dans un canal communiquant avec la cheminée d'appel. Celle-ci loge le conduit de la fumée du poêle, et reçoit ainsi la chaleur nécessaire pour produire l'appel.

Fig. 256. — Ventilation des écoles.

La figure 256 donne une coupe qui fera comprendre le système de ventilation des écoles proposé par M, Guérin. A, est le foyer d'un calorifère à air chaud, dont la cloche, D, et les tuyaux de fumée, H, H, sont logés au bas de la cheminée d'appel, G. L'air nouveau arrive du plafond par un conduit N creusé à l'intérieur de la corniche, et il descend dans la pièce, comme l'indiquent les flèches placées près du plafond. Au-dessous du pupitre de chaque élève, est un orifice d'évacuation de l'air. Entraîné par l'appel du poêle, l'air passe, de chaque orifice d'évacuation, dans un conduit, et va rejoindre le tuyau de la cheminée d'appel, C, qui est échauffé par le passage du tuyau B du calorifère.

Le canal sert à loger en partie l'air des tuyaux du calorifère et à déverser à l'intérieur de la salle par le petit canal M, qui court le long du plafond, une partie de cet air chaud. Ce système de ventilation est-il irréprochable ? Non. En premier lieu, la ventilation se fait par appel et non par insufflation, ce qui constitue un défaut. Les avantages de la ventilation par refoulement d'air, qui assurent un excès de pression dans les lieux ainsi ventilés, sont si mal compris, que nous n'avons trouvé l'application de ce principe dans aucun des projets de ventilation des écoles que nous avons parcourus.

À notre sens, le meilleur moyen à adopter pour la ventilation des salles d'écoles, serait celui que nous avons proposé et représenté plus haut, (*fig.* 252), et qui peut s'appliquer à toutes les salles de réunion indistinctement.

Ventilation des théâtres. — L'assainissement des théâtres fut étudié sérieusement, pour la première fois, par d'Arcet. Les principes que posa ce savant hygiéniste étaient excellents pour l'époque à laquelle ils se rapportent et le genre d'éclairage qui était alors en vigueur. Les dispositions que recommandait d'Arcet, et qu'il développa dans un important mémoire publié dans les *Annales d'hygiène publique* furent mises à exécution dans plusieurs théâtres de la capitale et des départements, et les résultats furent irréprochables.

Il nous paraît utile de donner un exposé des règles posées dans cette circonstance, par d'Arcet. Nous emprunterons cet exposé à M. Philippe Grouvelle, qui, dans le *Dictionnaire des arts et manufactures*, résume en ces termes les travaux de d'Arcet sur l'assainissement des théâtres.

« Le chauffage d'un théâtre, dit M. Grouvelle, est, selon d'Arcet, lié intimement à sa ventilation ; car pour pouvoir emporter au dehors des volumes considérables d'air vicié, il faut introduire dans la salle une quantité égale d'air pur, chaud en hiver et frais en été.

« Cet air, chauffé par des calorifères à air chaud, est versé à 25 ou 30 degrés centigrades dans les vestibules, dans les escaliers et dans les corridors des loges.

« Des poêles chauffés par la vapeur, ou mieux par la vapeur et l'eau, suivant le système dont nous sommes inventeurs, doivent être établis dans les corridors, dans le foyer, et sur la scène ; enfin des boîtes à vapeur ou à vapeur et eau, sont logées dans le dallage des vestibules, afin de servir à sécher les pieds des personnes qui arrivent de l'extérieur.

« La combinaison de ces divers systèmes est indispensable à la bonne organisation du chauffage d'un théâtre.

« On pourrait aussi chauffer l'air destiné à la salle sur des calorifères à eau chaude et à vapeur ; l'air amené dans la salle serait certainement plus salubre ; mais la dépense d'établissement serait

Louis Figuier

un peu plus considérable. On peut d'ailleurs ôter à l'air séché par un calorifère, comme nous l'avons dit, ses principaux défauts, en lui rendant la vapeur d'eau qui lui manque.

« Quant à la ventilation, les salles de spectacle ont naturellement un foyer d'appel très-puissant dans leur lustre ; c'est un instrument qu'il faut utiliser, sans aller bien loin en chercher un autre. C'est ce que d'Arcet a fait avec grande raison.

« Il a d'abord déterminé les conditions à remplir :

« L'air doit y être maintenu à 16 degrés centigrades environ dans les corridors, les loges et toute la salle.

« Il faut que l'air de la salle soit continuellement renouvelé pour qu'il ne se charge pas de miasmes ni de gaz délétères, et que son oxygène ne diminue pas dans une proportion dangereuse. Il faut que cet air arrive sans donner lieu à des courants trop vifs dans la salle. Enfin, il faut que cet air soit saturé à moitié d'eau, à la température de 15 ou 16 degrés.

« Pour réaliser ces conditions, d'Arcet a fait établir au-dessus du lustre une large cheminée d'appel, B (*fig.* 257), couronnée d'un chapeau et fermée à volonté par une trappe à deux vantaux. Il a fait établir au-dessus de la scène une autre cheminée semblable, A. Nous dirons plus loin quel service font ces cheminées.

« Quant à l'air pur et chaud, c'est dans la salle même qu'il doit être introduit, afin de chasser toujours l'air vicié qui s'y trouve.

« Pour obtenir ce résultat sur des volumes considérables sans gêner en rien les spectateurs, deux dispositions ont été proposées et employées par d'Arcet, toutes deux ayant pour but de fractionner indéfiniment les courants d'air introduits et de les répartir dans toute la hauteur de la salle.

« Dans l'une, l'air chaud et pur des corridors, I (*fig.* 257), est introduit dans la salle par de petits tuyaux passant à travers le plancher des loges, et débouchant au bas de leur devanture.

« Dans le second système, qui est le plus simple, un faux plancher est établi sous le plancher de chaque loge, et on s'en sert pour prendre l'air des corridors et le faire déboucher dans la salle, un peu en arrière de la devanture. L'air, ainsi introduit dans la salle par des séries de tuyaux ou de faux planchers qui font le tour

CHAPITRE VIII

entier de chaque rang de loges, est dans les meilleures conditions pour assainir complètement la salle, sans jamais donner lieu à des courants nuisibles ou même désagréables.

« La hauteur verticale des faux planchers est calculée de manière à suffire largement à l'appel de la grande cheminée. Pour une salle qui peut contenir 2 000 spectateurs, à 10 mètres cubes l'un, le volume à ventiler est de 20 000 mètres par heure, par seconde, $5^m,55$. En comptant sur une vitesse minimum de 2 mètres par seconde, facile à obtenir ici, et qui en pratique est de beaucoup dépassée, le volume de l'air débité avec une cheminée de 3 mètres carrés sera de 6 mètres par seconde ou 21 600 à l'heure.

« Pour l'introduction de ce volume d'air, il ne faut pas compter sur une vitesse supérieure à $0^m,50$ par seconde, ce qui donnera 12 mètres carrés pour la somme des sections d'arrivée de l'air dans la salle.

« Des expériences ont été faites par MM. Dumas et Leblanc sur l'air appelé par la cheminée du lustre dans des théâtres ventilés, et on a trouvé des volumes énormes.

« Avec des conditions d'arrivée d'air dans la salle, comme celles que nous venons de poser, les portes des loges peuvent être alors ouvertes, sans que les spectateurs se trouvent dans un courant d'air dangereux ou désagréable. Pour obtenir aussi une légère ventilation au fond de chaque loge, on a établi, dans leurs cloisons, des tuyaux d'un petit diamètre, qui vont, de la loge à la cheminée d'appel, et de plus un vasistas avec un grillage maillé, qui permet encore d'introduire insensiblement de l'air dans la loge, quand la porte est fermée.

« Enfin, l'amphithéâtre du centre, quand il en existe, est ventilé par une gaîne communiquant directement, de son plafond, à la cheminée du lustre B.

« En organisant ce système, d'Arcet a donné, comme toujours, des instructions complètes sur la conduite des appareils.

« Il insiste d'abord sur la nécessité de ventiler d'une manière continue et très-puissante, les lieux d'aisances du théâtre.

« Les calorifères à air chaud doivent être chauffés deux heures au moins avant la représentation et la température de la salle portée à 15 ou 16 degrés sans ventilation.

Louis Figuier

« Une heure avant l'ouverture des portes, la vapeur arrive dans les récipients, et on conduit de front les trois modes de chauffage de manière à maintenir la température à 15 ou 16 degrés environ, ce qui est facile, en forçant soit la ventilation, soit le chauffage.

« L'air chauffé dans les calorifères et dans tout le système des appareils, monte dans les corridors, pénètre dans la salle par les tuyaux d'amenée ou les faux planchers, et, entraîné par l'appel du lustre, il échappe au dehors à travers la cheminée des combles, en ventilant la salle entière.

« Pour maintenir la même salle fraîche en été, on tient toutes les fenêtres et les portes ouvertes pendant la nuit, et soigneusement fermées le jour, alors on ventile la salle à l'ouverture des bureaux, d'abord avec l'air des souterrains, ensuite avec l'air extérieur pris au nord, quand la température extérieure est descendue à 15 degrés à peu près.

« La température des cheminées d'appel au-dessus du lustre est de 20 à 25 degrés centigrades. Pour forcer la ventilation, quand la température extérieure est à 20 degrés, il suffit de monter le lustre un peu plus haut, la température de la cheminée s'élève et la ventilation s'établit de suite dans de bonnes conditions. C'est pour cela qu'il est toujours important d'avoir des cheminées d'appel de grande section.

« Ainsi, c'est en été que la ventilation est le plus difficile, mais avec de larges cheminées, et au besoin la manœuvre du lustre, on arrivera toujours à obtenir de très-bons résultats.

« Les dispositions que l'on vient d'indiquer ont de nombreux avantages.

« Les tuyaux de ventilation directs établis dans le fond des loges, permettent d'y faire arriver à volonté la voix de l'acteur, en fermant complètement la cheminée d'appel de la scène et diminuant le passage de celle du lustre.

« Lorsque, dans une représentation, il est produit un dégagement de poudre brûlée ou de fumée, on ferme, au contraire, tous les appels de la salle, et on ouvre celui de la scène, et l'on évacue rapidement et sans gêner les spectateurs toute la fumée qui, sans cela, les incommoderait longtemps. La même cheminée d'appel permettra d'assainir aussi les loges des acteurs, en les faisant

CHAPITRE VIII

communiquer avec la scène par de petits tuyaux.

« D'Arcet a insisté sur la nécessité de faire surveiller administrativement l'assainissement des théâtres, qui aujourd'hui est facile à organiser avec des appareils simples, mais dont, trop souvent, on ne se sert pas.[1] »

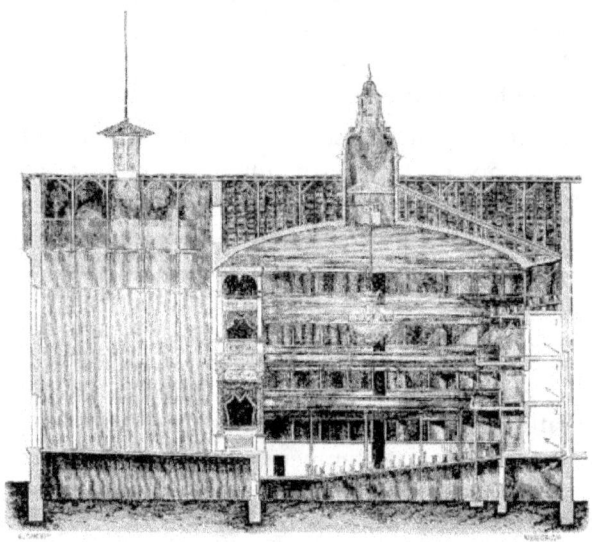

Fig. 257. — Ventilation des théâtres par l'appel, au moyen de la chaleur du lustre (système d'Arcet).

La figure 257 représente la disposition qui était recommandée par d'Arcet, et qui a été adoptée dans un si grand nombre de théâtres, depuis trente ou quarante ans. Le lustre est placé au-dessous d'une cheminée d'appel, B, dont on peut augmenter ou diminuer la section au moyen d'un registre. Une cheminée semblable surmonte les combles de la scène. L'air de la scène, J, et celui de la salle sont attirés vers le haut par la chaleur du lustre. De l'air frais et nouveau est fourni par des conduits placés sous le plancher de la scène.

Depuis l'époque où d'Arcet fit ces études, les conditions des théâtres ont changé, au moins dans la capitale. On a substitué le gaz à l'éclairage à l'huile. On a posé en principe (principe fort

1 *Dictionnaire des arts et manufactures,* article VENTILATION.

Louis Figuier

contestable) qu'il faut établir les lustres dans un espace clos, sans communication avec l'air de la salle, pour évacuer immédiatement les produits de la combustion du gaz sans les laisser se répandre dans la salle. De tout cela est résultée la nécessité de modifier les mesures anciennement consacrées pour l'assainissement des théâtres. Le trou du centre étant supprimé et remplacé par un *plafond lumineux*, c'est-à-dire une paroi transparente de verre de toutes parts, on a dû avoir recours à des dispositions toutes particulières. Le système nouveau, dû aux ingénieurs de la ville de Paris, a été inauguré dans trois théâtres, le théâtre Lyrique, celui de la Gaîté et celui du Châtelet, enfin au théâtre du Vaudeville, en 1869. Nous parlerons surtout des deux premiers.

Le système d'assainissement et de ventilation établi au théâtre Lyrique et à celui de la Gaîté, à Paris, a été considéré comme la plus haute expression de l'état présent et des ressources de la science moderne, en fait de ventilation. M. le général Morin, chargé des projets, a trouvé là une occasion solennelle d'appliquer son système favori de la ventilation par appel, et de la méthode dite *naturelle*, c'est-à-dire à mouvement d'air de bas en haut.

L'insuccès de l'entreprise a été absolu. L'expérience de chaque soir le prouve avec évidence, et il est malheureux qu'ayant à inaugurer dans la capitale la ventilation appliquée à un grand théâtre, on ne soit arrivé qu'à un si triste échec. Cette démonstration étant acquise, éclairera sans doute à l'avenir, mais en attendant, les résultats, comme nous allons le montrer, sont déplorables.

Le système appliqué au théâtre Lyrique consiste à chauffer la salle et la scène avec des calorifères de cave, et à expulser, au moyen d'une cheminée d'appel, l'air vicié dont l'air chaud vient prendre la place. Le fourneau des cheminées d'appel est placé au bas de la salle sur le même niveau que le calorifère à air chaud.

La figure 258 représente le mode d'assainissement du théâtre Lyrique. L'air extérieur est pris dans le square de la Tour Saint-Jacques, à l'aide d'un puits circulaire mesurant $3^m,70$ de diamètre. Cet air arrive sous le théâtre par les conduits C, et remplit une salle contenant les calorifères B, B, et les caisses dites de *mélange d'air*, M, M. Six gros tuyaux dirigent cet air chaud : 1° à la scène, 2° aux divers étages de la salle, 3° à la rampe. Cependant, disons tout

CHAPITRE VIII

de suite que les deux tuyaux qui aboutissaient à la rampe, durent
être supprimés dès les premiers jours, parce que leurs ouvertures
incommodaient les musiciens et les acteurs.

Fig. 258. — Plan sommaire de la ventilation du théâtre Lyrique.

Les points d'arrivée les plus importants de l'air chaud envoyé
par les calorifères, sont ceux de la salle. Ils sont percés, comme
le montre la figure 258, au pourtour saillant du balcon de chaque
rang de loges, et en outre dans le parquet de l'orchestre et du
parterre, sous les pieds des spectateurs, partie qui n'est pas visible
sur cette figure.

Louis Figuier

Tout a été calculé de manière à fournir 30 mètres cubes d'air, par heure, à chaque spectateur. Le théâtre peut contenir 1 472 personnes.

Comment se fait l'évacuation de l'air vicié ? La chaleur du lustre et des cheminées d'appel sont chargées d'opérer cette évacuation.

Les bouches d'aspiration de l'air vicié se trouvent : 1° sous les pieds des spectateurs de l'orchestre et du parterre ; 2° à la partie postérieure du plafond de chaque loge.

L'air vicié des parties inférieures de la salle, s'écoule par des bouches d'aspiration aboutissant, grâce au conduit RR, au canal A, lequel est chauffé par le tuyau d'un poêle, F. Celui qui provient du reste de la salle est évacué au moyen des conduits, percés autour des loges et aboutissant à l'espace D chauffé par le lustre ou si l'on veut par le gaz qui forme l'espèce de couronne H.

L'air vicié est encore évacué vers les parties supérieures, D, par des conduits qui l'amènent dans la coupole, G, où la chaleur du lustre forme un appel très-puissant.

L'air vicié venant du parterre qui a suivi la cheminée d'appel, A, et l'air vicié venant des loges et des galeries, se réunissent ainsi dans la coupole, G, aux produits de la combustion du gaz d'éclairage, et la cheminée d'appel commune le verse au dehors.

Nous n'avons esquissé que les grands traits de ce système d'assainissement. Le cadre de cette Notice ne nous permettrait pas d'en rapporter les complications infinies, ni de dire à quelles perturbations elle est sujette, quels soins minutieux il faut prendre pour s'en préserver, et quelles précautions ont été prises pour se défendre des violents courants d'air qu'entraîne ce système. Les doubles portes dont sont munies les entrées de l'orchestre, sont un palliatif insuffisant contre ces tempêtes de l'air.

Nous ferons la critique de ce système de ventilation et d'assainissement en un seul mot : c'est la *ventilation par appel*. C'est le système qui attire l'air de partout, et qui oblige de boucher scrupuleusement toutes les ouvertures autres que celles qui donnent accès à l'air envoyé par les calorifères de cave ; — c'est le système qui diminue la pression et cause la gêne de la respiration ; — le système qui raréfie l'air, et le rend moins propre à conduire le son.

CHAPITRE VIII

Arrêtons-nous un instant sur ce dernier défaut, capital, on le conçoit, pour un théâtre de musique.

Par la perfection même de la méthode de ventilation par appel, on est arrivé à produire au théâtre Lyrique un nombre considérable de courants de sens divers, de densités différentes, de directions variables, lesquels n'apportent à l'auditeur fatigué qu'une musique atténuée, et certainement aussi modifiée dans les valeurs de ses notes.

On sait, en effet, que les sons transmis par un milieu peu dense, acquièrent de la gravité. Lorsque Dulong se remplissait les poumons de gaz hydrogène, pour montrer à ses auditeurs de la Sorbonne, que ce gaz n'est pas toxique, et lorsqu'il parlait, sa voix devenait remarquablement basse. A l'inverse, les sons conduits par un milieu plus dense que l'air, sont plus aigus que dans l'atmosphère ordinaire. Comment veut-on que, parmi les bouffées inégalement dilatées de la salle du théâtre Lyrique, les accords de la scène et de l'orchestre conservent leur harmonie ?

Le défaut d'homogénéité des couches d'air diminue également la force du son. Le bruit de la chute du Niagara se fait entendre la nuit, à travers les forêts américaines, à une distance de 60 ou 80 kilomètres, parce que l'air, quoique coupé par les branches et les feuillages, est partout également dense. Le jour, quand le soleil donne sur les forêts, que les rayons, se partageant entre les feuilles, coupent l'air et le dilatent par traînées nombreuses, ce même bruit ne s'entend plus qu'à la distance de 8 ou 10 kilomètres.

Pendant la nuit du 7 juillet 1786, où Jacques Balmal essayait seul l'ascension du mont Blanc, et où, contraint de s'arrêter par la longueur du chemin, il se coucha sur la neige, à la hauteur des rochers du Grand Mulet, il entendit un chien aboyer au plus profond de la vallée de Chamonix, à une distance telle que, par le plus beau soleil, son œil n'eût pas même distingué les maisons.

Les navigateurs qui ont tenté la découverte du passage Nord-Ouest, et qui, enfermés par les glaces, ont dû passer des hivers entiers dans les régions polaires, racontent combien la voix humaine s'entend de loin, portée par cet air condensé, égal et immobile.

Or, dans les théâtres soumis à la ventilation par appel, l'air est

Louis Figuier

dilaté par la chaleur et par l'appel ; il est troublé par les causes diverses de viciation, rompu par les courants et les densités inégales. Il semble qu'on ait cherché à le rendre aussi impropre que possible à conduire les sons.

Ne soyons donc pas surpris si la direction du théâtre Lyrique a jugé convenable de se débarrasser du même coup des avantages et des désavantages de cette ventilation. Aujourd'hui, le système de ventilation du théâtre Lyrique est, par le fait, supprimé. On chauffe la salle par les calorifères à air chaud, lorsqu'il fait grand froid ; mais on ne se donne pas la peine de chauffer les deux poêles F, F, qui doivent faire fonctionner les deux cheminées d'appel. Le système de ventilation du théâtre Lyrique est tombé à l'état de ruine, peu après sa création.

Le théâtre Lyrique est donc tout simplement chauffé quand il fait froid ; mais il n'est plus ventilé ni par les temps froids, ni par les températures modérées. Il se trouve dès lors dans des conditions hygiéniques déplorables. L'air ne s'y renouvelle pas, et quand les calorifères sont chauffés, on éprouve tous les inconvénients ordinaires des calorifères à air chaud, c'est-à-dire l'émanation des gaz toxiques du charbon, l'acide carbonique et l'oxyde de carbone. Aussi un séjour dans ce théâtre est-il insupportable pour beaucoup de personnes.

On ne pouvait, on le voit, plus tristement échouer dans une entreprise que l'on avait annoncée, au contraire, comme devant représenter les progrès les plus récents de la science et de l'art.

La ventilation du théâtre de la Gaîté est faite un peu différemment de la précédente, mais elle est basée sur le même principe de l'appel de l'air.

L'air qui arrive dans les caves, pour s'échauffer dans les calorifères, se dégage par les entretoises des loges. Aspiré par une cheminée d'appel qui est installée au sommet de l'édifice, il passe par les orifices de sortie ouverts sous les pieds des spectateurs, traverse des conduits situés dans les entretoises, et enfin aboutit au-dessus du lustre, à l'intérieur de la coupole à la base de la cheminée d'appel.

Écoutons au sujet de la ventilation du théâtre de la Gaîté, comme aussi pour ce qui concerne le théâtre du Châtelet, dans lequel ce même système a été adopté, un architecte instruit, qui a publié

CHAPITRE VIII

récemment dans la *Revue moderne*[1] un excellent travail sur la ventilation des théâtres.

« Les résultats obtenus au théâtre de la Gaîté, dit M. Duplessis, auraient dû être plus satisfaisants, si MM. les directeurs n'y eussent mis bon ordre. Par une modification qui a donné d'excellents résultats, aux prises d'air à fleur de terre, on en a ajouté douze autres pratiquées dans les deux murs longitudinaux qui limitent le théâtre. Elles sont réparties sur deux rangs de chaque côté, et situées, dans l'un des murs, à 20 mètres au-dessus du sol, et dans l'autre, à 25. Grâce à ces ouvertures supplémentaires, grâce aussi à des orifices ménagés près du plafond des amphithéâtres supérieurs, l'air nouveau peut rentrer en quantité suffisante, du moins l'hiver. Mais il n'en est pas de même pendant l'été, les voies supplémentaires que demandait la commission n'ayant pas été établies dans ce théâtre non plus que dans les deux autres. Quant à l'évacuation de l'air vicié, elle s'effectue convenablement, et, sauf les vices inhérents au système, la ventilation pourrait avoir lieu d'une façon régulière, si les prises d'air des deux murs longitudinaux n'étaient tenues fermées été comme hiver, et si là, de même qu'au théâtre Lyrique, on ne négligeait d'allumer le foyer d'appel si utile pour l'évacuation de l'air vicié du rez-de-chaussée.

« Quant au théâtre du Cirque ou du Châtelet, il est le plus mal aménagé de tous, et cela en grande partie, il faut le reconnaître, par la faute de l'architecte. Ce dernier, dans son projet, avait eu l'idée lumineuse de supprimer les orifices d'entrée ménagés à l'air au-devant des loges et galeries, c'est-à-dire les seuls qui, dans l'application, n'eussent pas présenté de trop sérieux inconvénients. Il les avait remplacés par un agrandissement notable de l'orifice concentrique à la rampe et placé entre cette dernière et l'orchestre ; par un autre orifice ou grille également concentrique à la rampe, mais situé du côté des acteurs ; enfin, par des bouches ménagées dans le cadre du rideau. Plus tard, il est vrai, grâce à un ordre supérieur, les bouches situées au-devant des loges et galeries furent rétablies, mais seulement au premier et au deuxième étage. Tout incomplète et tardive que fût cette mesure, il n'en est pas moins fort heureux qu'elle ait été prise, car ces bouches sont actuellement le seul moyen qui subsiste de faire affluer l'air nouveau. Bientôt,

1 10 mai 1869.

Louis Figuier

en effet, on dut supprimer les deux ouvertures concentriques à la rampe, parce qu'elles gênaient les acteurs et étaient intolérables pour les musiciens de l'orchestre. Puis le directeur ayant, de son autorité privée, supprimé celles ménagées dans le cadre du rideau, il ne resta plus pour alimenter la salle que les bouches des premières et secondes loges et d'autres ouvertures, fort gênantes pour le public, pratiquées au fond du parterre, dans la paroi verticale du mur. En réalité, le renouvellement de l'air s'effectue presque uniquement par la scène. M. Morin a constaté en effet, pendant la première représentation d'une pièce militaire à grand spectacle, qu'il s'établit de ce point vers la salle un courant d'air froid dirigé, non comme autrefois vers la voûte, mais vers le fond des loges, où sont situées les bouches de sortie, — courant tellement vif qu'il agite d'une façon sensible les plumes des chapeaux des dames. Il a constaté en outre que ce même courant entraîne avec lui la fumée de la poudre, pour laquelle on n'a pas établi de cheminée d'évacuation au-dessus de la scène, et qui se répand dans les loges où elle provoque de nombreux accès de toux. Ainsi, non-seulement le théâtre du Châtelet n'est pas ventilé d'une façon régulière, mais le renouvellement de l'air s'y effectue dans des conditions moins favorables que dans les anciens théâtres.

De pareils résultats n'expliquent que trop bien les récriminations soulevées par le travail de la commission, et tout en reconnaissant qu'elle ne doit être responsable, ni des fautes des architectes, ni des pratiques coupables des directeurs, on ne peut se dissimuler qu'une grande partie des inconvénients relevés par la critique sont inhérents au système adopté. »

Le nouveau théâtre du Vaudeville, inauguré en 1869, a été également doté de la ventilation par appel, selon les us et coutumes des architectes de la ville de Paris, à laquelle cette salle appartient. Si nous ajoutons, dès lors, que l'orchestre, le parterre et les loges du théâtre du Vaudeville, sont balayés, de minute en minute, par de véritables vents de tempête, par des ouragans, nous n'étonnerons pas nos lecteurs. Le lieu de réunion publique dans la capitale où se prennent aujourd'hui de préférence les fluxions de poitrine, les rhumatismes, ou tout au moins les rhumes et les coryzas, est le nouveau Vaudeville de la chaussée d'Antin.

S'il nous fallait faire un projet de ventilation pour un théâtre

CHAPITRE VIII

quelconque, nous nous servirions encore des mêmes moyens que nous avons proposés pour la ventilation des salles de réunion, c'est-à-dire d'un ventilateur mécanique envoyant de l'air pur au moyen d'un excès de pression. L'air arriverait dans la salle par la partie inférieure, c'est-à-dire sous les pieds des spectateurs de l'orchestre et du parterre. Nous proposerions aussi d'en revenir au système ancien d'éclairage, consistant en un lustre ordinaire, surmonté d'une large ouverture au plafond, par lequel s'évacuerait naturellement l'air vicié. Le renouvellement de l'air s'opérerait donc par deux actions différentes, par l'effet de l'impulsion de l'air envoyé par le ventilateur mécanique, et par l'appel puissant que déterminerait la chaleur du lustre.

On le voit, nous nous bornerions, pour progresser dans la question de la ventilation des théâtres, à revenir en arrière, c'est-à-dire à reprendre les idées de d'Arcet. Ce système fut vivement critiqué en 1862, dans une brochure qui portait ce titre : *Le Théâtre et l'architecte*, par M. Emile Trélat. Le travail de M. Emile Trélat porta coup. C'est grâce à l'impression qu'il fit sur beaucoup d'esprits, que l'on fut mené à voir de mauvais œil l'antique lustre. Cet appareil d'éclairage a été finalement détrôné et les plafonds lumineux l'ont remplacé dans les nouveaux théâtres de la capitale. Or, de l'adoption des plafonds lumineux date, selon nous, tout le mal. Les plafonds lumineux ont toutes sortes d'inconvénients, et c'est peut-être eux seuls qu'il faut accuser des vices du mode de ventilation, qui porte aujourd'hui de si tristes fruits, au théâtre Lyrique, au théâtre du Châtelet et à celui de la Gaîté. Le plafond lumineux a forcé de renoncer au vieux mais commode système de la ventilation par le trou du lustre. Il a obligé d'employer ces moyens artificiels de ventilation, dont les effets ne sont peut-être si désagréables que parce qu'ils sont contrariés par l'interposition de cette cloison infranchissable. Ce n'est donc, selon nous, que du jour où l'on aura mis en pièces et jeté au rebut ce déplorable rideau de verre, que l'on pourra songer à donner aux spectateurs un système de ventilation hygiénique.

Les plafonds lumineux qui transforment une salle de théâtre en une véritable prison hermétiquement fermée, où tout renouvellement d'air est impossible, les plafonds lumineux qui ferment obstinément une capacité qui devrait être, au contraire, toujours largement

Louis Figuier

ouverte, et qui exposent les spectateurs à tous les dangers résultant de l'air confiné, out encore d'autres inconvénients. Nous laisserons un écrivain compétent, M. Duplessis, que nous citions plus haut, ajouter les derniers traits à ce tableau déjà si chargé.

« En 1862, dit M. Duplessis, on inaugura au théâtre Lyrique et au Châtelet les coupoles garnies d'un nombre considérable de becs de gaz et isolées du reste de la salle par un plafond plus ou moins transparent. L'idée, toutefois, n'appartenait pas tout entière à la commission. M. Morin avait bien songé à l'enveloppe isolante, mais il voulait conserver le lustre. L'autre disposition, empruntée sans doute au projet de M. Trélat, lui fut en quelque sorte imposée, et cette immixtion administrative dans les travaux de la commission ne fut pas heureuse. Dans ces coupoles, la lumière projetée dans toutes les directions par des réflecteurs, traverse sans doute le plafond en quantité suffisante, du moins quand ce dernier n'a pas une trop grande épaisseur, comme au Châtelet. Mais, à être ainsi tamisée, elle perd toute vivacité, tout éclat. Elle prend une teinte douce et uniforme, impuissante à produire ces scintillements qui donnent tant de relief et de gaieté à la flamme légèrement ondoyante du gaz brûlant à l'air libre. Aussi ne mord-elle pas assez sur les objets et est-elle loin de faire suffisamment valoir et ressortir les détails de la décoration de la salle et de la toilette des femmes. Elle a de plus l'inconvénient de tomber sur les spectateurs dans une direction trop perpendiculaire, et de produire parfois sur les visages des ombres allongées d'un effet assez désagréable. Puis ce plafond incandescent fatigue la vue, et il laisse passer une partie de la chaleur des becs de gaz, chaleur qui cause, à presque tous les étages, une sensation fort incommode, et même assez pénible quand on la perçoit directement sur la tête ; enfin il échauffe sensiblement l'air déjà si dilaté qui se trouve dans son voisinage immédiat.

« Si l'on s'est plaint avec tant de vivacité de cette disposition, on voit que ce n'est pas tout à fait sans raison. Elle ne serait pas moins inacceptable si aux becs de gaz on substituait la lumière électrique, et nous ne mentionnons que pour mémoire cette modification qui, à proprement parler, n'en est pas une, car en conservant le plafond, elle conserve le vice fondamental du système. Le mieux est encore de revenir à l'ancienne disposition et de laisser les appareils d'éclairage en communication directe avec la salle, du moins toutes les fois que la chose est possible ; Le mode de distribution de la lumière est en effet toujours subordonné au mode de ventilation adopté ; il est en quelque sorte imposé par lui, et l'on ne saurait, d'une façon générale et absolue, proclamer la supériorité d'un moyen d'éclairage sur tous les autres. Le tout dépend du point de vue auquel on se place et des conditions dans lesquelles on se trouve. Tel qui serait excellent comme foyer lumineux, doit être cependant rejeté pour les perturbations qu'il apporterait dans le renouvellement de l'air.

« Il est évident toutefois que si certains modes de ventilation avaient pour conséquence inévitable un système d'éclairage par trop défectueux, ils seraient par cela même condamnés. Les inconvénients de ce plafond sont si grands qu'ils ne nous paraissent nullement compensés par les avantages, souvent fort contestables, du mode de ventilation qui les nécessite, et alors même qu'on remplacerait ce plafond et ses becs de gaz par des lustres enfermés dans une enveloppe de verre, — disposition appliquée à la Gaîté et bien préférable au point de vue de l'éclairage, — les vices subsistants seraient encore assez graves pour motiver le rejet du système. »

Nous ne pouvons qu'applaudir à cette juste philippique, venant se joindre à nos propres arguments contre la déplorable invention des plafonds lumineux appliqués à l'éclairage des théâtres.

CHAPITRE IX

VENTILATION DES ÉGLISES. — VENTILATION DES MAISONS PARTICULIÈRES. — VENTILATION DES CUISINES, DES COURS, DES LIEUX D'AISANCES. — LES LYCÉES, LES CASERNES, LES ATELIERS.

Ventilation des églises. — Est-il nécessaire de chauffer et de ventiler les églises ?

La hauteur considérable de la nef, le volume d'air énorme qu'elle contient, et la grande surface de vitrage, sont des causes de perte de chaleur tellement puissantes, qu'il faudrait consacrer de bien fortes sommes au chauffage complet d'une église. Les fabriques ne seraient pas toujours assez riches pour suffire à ces dépenses. Dès qu'un peu d'air est chauffé, par un moyen quelconque, à la base de l'église, il s'élève au sommet, et va se perdre dans les régions supérieures de la voûte. D'immenses courants portent la chaleur aux grandes fenêtres, toujours mal jointes. Ce n'est donc que dans quelques circonstances, rares et exceptionnelles, par un concours extraordinaire de fidèles, accompagné d'un éclairage à splendeurs inusitées, que les causes de chaleur surpassent la perte, dans un temps donné, et que l'air peut être chauffé dans toute la masse du vaisseau, dans les parties supérieures comme dans les parties inférieures de l'édifice.

C'est un fait inouï que la chaleur atteigne, dans une église, à de très-hautes limites. C'est pour cela que l'on peut citer comme événement exceptionnel, ce qui se passa dans la vaste basilique de Notre-Dame de Paris, le jour de la cérémonie funèbre de l'enterrement du duc d'Orléans, en 1846. Plus de six mille personnes étaient réunies pour cette cérémonie imposante, dans l'église métropolitaine, qui était éclairée par un nombre incalculable de cierges et de bougies. Les fenêtres avaient été fermées pour les besoins de la décoration, de sorte que la ventilation ne se faisait plus que par les courants d'air qui traversaient la porte centrale d'entrée, fort peu élevée, d'ailleurs, Les ordonnateurs de la cérémonie avaient oublié, ou ignoraient, tous les principes de la ventilation et de l'assainissement des lieux de réunion publique. La chaleur dégagée par la respiration des six mille personnes et la combustion des milliers de bougies et cierges, fut telle, qu'en peu d'instants la température devint insupportable, dans tout l'édifice. Les cierges qui brûlaient autour du catafalque, se courbaient de manière à faire craindre qu'ils ne missent le feu aux draperies. C'est dans le chœur que la température était le plus élevée. Là, plusieurs personnes perdirent connaissance, et si la cérémonie s'était prolongée, on aurait pu s'attendre aux plus graves accidents.

« On ne comprend pas, dit Péclet, en rapportant cet événement, comment cette conséquence inévitable de la réunion d'un si grand nombre de personnes et d'appareils d'éclairage n'avait pas été prévue par les architectes chargés de la décoration de l'église.[1] »

Des effets analogues se produisent, mais sur une plus petite échelle, aux sermons des prédicateurs célèbres, qui attirent une

1 *Traité de la chaleur*, t. III, p. 160, note.

grande affluence à Notre-Dame de Paris, et pendant les solennités musicales de l'église Saint-Eustache. Dans tous ces cas, nous n'avons pas besoin de le dire, il suffit, pour prévenir l'excès de chaleur et le danger de l'air vicié, d'ouvrir quelques-unes des vastes fenêtres supérieures.

Cependant, nous le répétons, ce sont là des cas fort exceptionnels. Partout les églises sont froides, parce qu'il est presque impossible de les chauffer. On n'a donc pas à s'inquiéter de la ventilation dans des capacités si volumineuses.

Un petit nombre d'églises de Paris, ainsi que les temples protestants, sont chauffés par des calorifères de cave, dont les bouches de chaleur s'ouvrent au niveau des dalles. La chaleur n'est jamais suffisante, et pourtant ces calorifères coûtent fort cher à entretenir, par la raison donnée plus haut, c'est-à-dire, parce que l'air chaud se perd en s'élevant rapidement vers la voûte. Ainsi, contre-sens bizarre, la partie bien chauffée de l'église, c'est la région supérieure, c'est-à-dire le vide, tandis que le bas de l'église, où sont les fidèles, reste froid : le pavé est glacé, le plafond est brûlant.

Parmi les églises de Paris qui sont quelque peu chauffées en hiver, nous citerons Saint-Roch, la Madeleine, Saint-Vincent de Paul et Saint-Sulpice. Dans cette dernière église, le mode de chauffage est le calorifère à eau chaude. Mais dans tous ces cas, nous le répétons, la ventilation ne doit jamais préoccuper ; elle se fait naturellement, par suite des vastes dimensions de l'édifice.

Ventilation des maisons. — Les maisons d'habitation seront pour nous un exemple meilleur et plus intéressant de l'application des principes de la ventilation.

En général, l'aération est produite dans les maisons, en hiver par l'appel des cheminées ordinaires, en été par l'ouverture des fenêtres. Presque toujours l'aération qui s'opère par les cheminées de chaque pièce, est suffisante ; seulement elle s'effectue par appel. Il faut donc se garder avec soin de toutes les causes d'infection qui résultent de la ventilation par appel, établie à l'intérieur d'une habitation. Comme l'air qui est appelé par le tirage des cheminées, vient de l'intérieur même de l'habitation, il en résulte qu'il arrive des cuisines, des lieux d'aisances, et de ces cours étroites et profondes des maisons de Paris, véritables puits, où l'on jette les ordures et

Louis Figuier

les débris de ménage, et où l'on verse par les *plombs* des liquides infects, nauséabonds, provenant de tous les nettoyages. Ce système d'assainissement aurait, on le voit, besoin d'être lui-même quelque peu assaini.

Il est, dans les maisons, différentes parties qui exigent plus spécialement une ventilation : ce sont les cuisines et les lieux d'aisances. Il faut ventiler les cuisines, non par pression, mais par appel, dans ce cas spécial, afin d'extraire directement les odeurs et d'éviter qu'elles ne se répandent dans les appartements. L'appel ne doit pas toutefois être trop puissant, car il ferait fumer toutes les cheminées de la maison.

Le tirage des fourneaux donne habituellement un appel suffisant pour ventiler les cuisines. Mais les fourneaux n'étant pas toujours allumés et les mauvaises odeurs étant permanentes, il est bon de munir la cuisine de ces petits ventilateurs en hélice, qui s'appliquent dans un carreau de vitre, et dont nous avons parlé dans l'un des premiers chapitres de cette Notice. Si ce mode de renouvellement de l'air paraissait encore insuffisant, il conviendrait de se servir de petits ventilateurs mécaniques que l'on mettrait en mouvement à l'aide d'un poids soulevé à la main.

« Avec une ventilation convenable, dit d'Arcet, nos cuisinières travailleront devant leur fourneau sans être fatiguées par l'odeur du charbon ; elles ne s'échaufferont pas, leurs têtes ne seront pas exaltées, ainsi qu'on le remarque souvent, ce qui est aussi nuisible à leur santé qu'aux domestiques de service autour d'elles, et même pour les maîtres et les enfants, qui souvent n'osent pas entrer dans la cuisine, afin d'éviter tout sujet de querelle, soit pour ne pas avoir le chagrin de voir la cuisinière hors d'elle-même, ayant le visage rouge et gonflé, les yeux hors de la tête, la figure couverte de sueur, et n'indiquant que trop le malaise qu'elle éprouve. »

Les cuisinières n'ont point changé depuis l'époque où d'Arcet écrivait ces lignes, et le portrait qu'en trace l'excellent hygiéniste, est toujours vrai. Un ventilateur mécanique établi dans la cuisine, remédierait à cette fâcheuse situation. Seulement, il serait peut-être difficile de trouver une cuisinière assez intelligente pour comprendre qu'il est de son intérêt, aussi bien que de celui de ses maîtres, de ventiler convenablement son officine, et surtout pour

CHAPITRE IX

juger à quel moment elle doit faire jouer le ventilateur mécanique. Nous conseillons aux maîtres d'établir eux-mêmes ce ventilateur mécanique, de montrer à leur cuisinière la manière de s'en servir, et en même temps de fermer les ouvertures qui font communiquer la cuisine avec les appartements.

Beaucoup de cuisinières ont une habitude qui coupe court à tous ces inconvénients, et qui rend superflu tout système quelconque de ventilation : elles ouvrent largement les fenêtres, en tout temps et en toute saison. Le soin de leur santé leur prescrit cette sage pratique. Maîtres et domestiques n'auraient qu'à gagner à ce qu'elle fût observée constamment.

Les fosses d'aisances des maisons d'habitation sont assez mal ventilées. L'administration municipale de Paris, ayant jugé nécessaire de se mêler de la question, est intervenue, avec son éternel et vicieux système de l'appel, et elle a fait d'assez mauvaise besogne. Les fossés d'aisances des maisons de Paris, sont donc ventilées par appel, ce qui veut dire que les émanations et miasmes de ces fosses, sont attirés au dehors et déversés à l'air libre, c'est-à-dire un peu partout, à l'aveugle. Il vaudrait mieux les retenir dans les fosses, et les détruire dans cet espace même. On opère tout autrement, et comme on va le voir, l'appel que l'on veut produire est assez imparfait. Voici comment on procède.

La partie inférieure du tuyau des latrines plonge dans les matières liquides de la fosse, ou mieux, dans des cuvettes mobiles, que l'on lave de temps en temps, en jetant de l'eau par le conduit. On se sert quelquefois de l'*appareil Rogier-Mothes*, formé d'uns soupape qui s'ouvre dès qu'elle est chargée d'un certain poids, et qui revient ensuite, tant bien que mal, fermer l'orifice du conduit. Grâce à la fermeture hydraulique du tuyau de descente plongeant dans le liquide de la fosse, aucun gaz ne peut remonter dans les cabinets d'aisances. Il ne pourrait tout au plus que se dégager une petite quantité de gaz des matières restées à l'intérieur du conduit, mais l'odeur ou l'émanation qui en résultent sont insignifiantes ; et d'ailleurs, si la cuvette est tenue pleine d'eau, aucun gaz ne peut s'échapper au dehors.

De l'intérieur de la fosse part un conduit d'appel, qui s'ouvre au-dessus du niveau des liquides, et qui s'élève de là jusque sur le toit

Louis Figuier

de la maison. Afin de produire un appel énergique, l'architecte s'arrange pour placer ce conduit dans le voisinage des tuyaux de la cheminée ou des cheminées de la maison.

Il y a bien des vices dans cette disposition. L'un des principaux c'est de menacer la maison d'infection dès que les conduits d'aisances cesseront de plonger dans le liquide de la fosse, ce qui arrive toutes les fois qu'on a vidé cette capacité, et que les liquides accumulés n'ont pas eu le temps de s'élever de manière à boucher l'extrémité inférieure du conduit.

Supposons, et le cas est assez fréquent, que le tuyau de descente d'un cabinet d'aisances ne soit plus immergé dans les liquides de la fosse, et qu'une cheminée quelconque placée dans les appartements, produise un appel, qu'arrivera-t-il ? L'air extérieur descendra par le conduit de ventilation de la fosse ; il se chargera des odeurs et émanations dans ladite fosse ; ensuite, remontant par ce même conduit, dans le cabinet, il infectera toute la maison, et cela beaucoup plus sûrement que si la fosse n'était pas ouverte au dehors, c'est-à-dire munie d'un tuyau d'appel débouchant sur le toit. Ce phénomène se présente, chaque fois qu'on vide la fosse, et en général tant que le niveau des liquides n'est pas remonté à un point tel que l'ouverture du tuyau de descente soit totalement immergé.

Le tuyau d'*évent*, comme on l'appelle, qui met la fosse en communication directe avec l'extérieur, au moyen d'un long conduit débouchant sur le toit, a un autre inconvénient. La présence de l'air dans les fosses, active beaucoup la fermentation putride des matières. Il semble que l'on ait cherché tous les moyens de faire rendre à ces causes d'infection la plus grande somme d'infection possible !

Ne vaudrait-il pas mieux débarrasser les maisons du hideux et barbare système des fosses permanentes, en usage à Paris ? Il suffirait, pour cela, de rejeter dans l'égout toutes les matières, liquides et solides, venant des cabinets d'aisances et de toutes les autres parties de la maison. Arrivées dans l'égout, ces matières seraient abandonnées à l'administration municipale, qui en ferait ce qu'elle voudrait. Elle pourrait les recueillir dans des tinettes, où les matières solides seules demeureraient retenues, tandis que

CHAPITRE IX

les matières liquides s'écouleraient à l'égout. Elle pourrait diriger, par des conduits particuliers, ces matières, pour en retirer les substances actives utiles à l'agriculture.

Le premier de ces systèmes, c'est-à-dire le rejet à l'égout de toutes matières et la suppression des fosses, commence, il est juste de le dire, à être suivi à Paris, et il serait à désirer qu'il prît de l'extension. Avec ce système, les matières solides seules sont retenues dans les tinettes et utilisées ; mais quelle simplicité pour l'enlèvement de ces matières, qui s'opère par l'égout, sans que ni propriétaire ni locataire aient à s'en inquiéter ! Quelle économie de place, et quelle satisfaction d'être débarrassé de ces hideuses fosses permanentes, qui déshonorent une ville. Il est, d'ailleurs, probable qu'on emploiera un jour des tinettes munies de substances chimiques, qui retiendront les principes fertilisants, et ne laisseront passer à l'égout que des eaux presque inertes.

Ventilation des casernes, des lycées et des ateliers. — Est-il nécessaire maintenant de s'appesantir sur le mode de ventilation à adopter dans les casernes, les lycées, les ateliers ? Le lecteur peut leur appliquer ce que nous avons dit, à savoir ; ventilation par refoulement à l'aide d'un ventilateur mécanique analogue à la vis de Mothes et d'après les dispositions que nous avons déjà représentées.

Nous dirons seulement qu'il faut veiller surtout à ce que le renouvellement de l'air soit suffisant. Dans les dortoirs des lycées et dans les chambrées des casernes, l'air fourni par les ventilateurs, ne devra jamais tomber au-dessous d'un minimum de 20 mètres cubes par heure et par personne.

On a constaté une diminution de la mortalité parmi les chevaux du gouvernement dans les écuries des casernes, depuis que les écuries sont ventilées. On peut conclure de cette expérience *in animâ vili*, que l'on verrait périr moins de jeunes enfants et de jeunes soldats, si l'on se décidait à prendre les mêmes précautions à l'égard de l'espèce humaine !

Dans les ateliers qui produisent des poussières, ou des vapeurs nuisibles, il faudra les expulser par le chemin le plus court, sinon par insufflation, au moins par appel. Nous renvoyons, pour les cas spéciaux, aux ouvrages ayant trait à chaque industrie.

Louis Figuier

Ventilation des mines. — L'aération des mines s'effectue le plus souvent d'après le mécanisme indiqué par la figure 259, qui est purement théorique. Une cheminée d'appel AB, placée à l'orifice du puits de la mine, aspire l'air vicié par le conduit C. L'air nouveau entre par les puits qui débouchent au dehors, et circule dans les galeries avant d'arriver à la cheminée d'appel.

Dans les mines de houille, où le dégagement du gaz grisou est à craindre, il y aurait grand danger d'explosion si on faisait passer l'air sur le foyer d'une cheminée d'appel. Ces mines sont donc ventilées à l'aide d'appareils mécaniques. Mieux vaudrait toutefois agir par pression que par appel, car chacun sait que le redoutable gaz inflammable, la terreur des mineurs, apparaît surtout quand la pression diminue, et que les accidents sont fréquents aux époques de grande baisse barométrique.

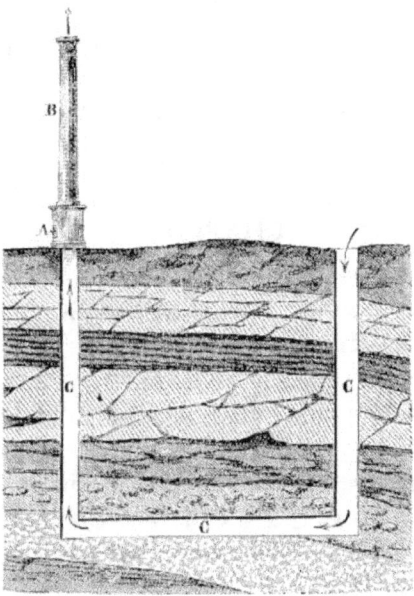

Fig. 259. — Ventilation des mines par une cheminée d'appel.

La ventilation par appel s'opère également dans les mines au moyen de machines pneumatiques à large piston, qui, par le vide qu'elles opèrent dans les galeries, attirent à l'extérieur l'air vicié.

CHAPITRE IX

Nous avons déjà représenté (*fig.* 247) ce puissant ventilateur. On le place à l'entrée de la mine, au point où est situé le foyer dans la figure 259.

La ventilation par refoulement d'air est cependant employée dans les mines, plus souvent que la ventilation par appel. En effet, les galeries ne sont pas, comme le représente la figure qui précède, en communication facile avec l'air extérieur. Elles sont presque toujours fermées à une de leurs extrémité, à l'extrémité à laquelle est parvenu le travail d'exploitation, La ventilation par appel ne fonctionnerait pas aisément à travers les détours de ces galeries, et l'on a recours alors à la ventilation par refoulement d'air, c'est-à-dire que l'on fait intervenir des machines foulantes qui envoient des torrents d'air pur dans l'intérieur des galeries.

Les machines soufflantes des mines ont les mêmes dispositions que les machines aspirantes. Nous avons dit un mot, dans les généralités sur la ventilation, des appareils qui servent à la ventilation des mines par insufflation ou aspiration, et donné la figure d'un de ces appareils. Nous n'y reviendrons pas ici.

CHAPITRE X

VENTILATION DES PRISONS ET DES HÔPITAUX. — DIFFÉRENCE ENTRE L'AIR LIBRE DU DEHORS ET L'AIR ARTIFICIELLEMENT CHAUFFÉ SERVANT À LA VENTILATION. — CE QUE DOIT ÊTRE LA VENTILATION DANS LES PRISONS. — SYSTÈME ÉTABLI À LA PRISON MAZAS À PARIS. — LA VENTILATION DES HÔPITAUX. — L'ATMOSPHÈRE DES HÔPITAUX. — LA VENTILATION NATURELLE EN ANGLETERRE. — SYSTÈMES DE VENTILATION APPLIQUÉS DANS LES HÔPITAUX DE PARIS. — VENTILATION PAR APPEL DE M. L. DUVOIR. VENTILATION PAR REFOULEMENT DE MM. THOMAS ET LAURENS. — SYSTÈME DE M. VAN HECKE.

Ventilation des prisons. — Nous passons à la ventilation des prisons, de ces lieux où des malheureux vivent, le jour et la nuit, pendant des mois entiers, des années même, dans des dispositions physiques et morales défavorables, et exposés à toutes les maladies que peut amener l'encombrement. C'est ici, surtout, que la

Louis Figuier

ventilation doit être constante, régulière, parfaite, c'est-à-dire se rapprocher le plus des conditions d'un bon air extérieur.

Placer tout à coup et pour longtemps, un individu dans un milieu auquel il n'est pas habitué, c'est presque toujours chose mauvaise. Savons-nous, si l'air que nous échauffons à l'aide de nos procédés artificiels, auquel nous restituons après coup et à une haute température, la vapeur d'eau qui lui manquait, que nous faisons, en outre, circuler dans des tuyaux, au contact de substances diverses, n'a pas été modifié dans quelques-unes de ses propriétés ? La science ni la pratique ne nous ont jusqu'ici appris que fort peu de chose sur ce sujet. Mais ce qui est bien acquis, c'est d'abord que de l'oxyde de carbone se développe quand l'air est chauffé au contact de la fonte ; ensuite, qu'une certaine quantité d'ozone se produit dans la transformation de l'eau en vapeurs. L'oxyde de carbone est un agent terrible d'intoxication ; l'ozone est une substance encore bien mystérieuse dans sa nature et dans ses effets, mais qui ne peut qu'exercer une action énergique sur l'économie animale. Il résulte de là, que l'air chauffé et chargé de vapeur d'eau par artifice, peut exercer sur nous, quand il arrive aux poumons, des effets d'autant plus fâcheux que leur action est plus prolongée.

S'il est vrai que l'air, quand il a été imprégné des rayons solaires, acquière des propriétés vivifiantes, de même que le chlore exposé à l'action du soleil, gagne des affinités chimiques plus énergiques, l'air manipulé dans nos appareils de ventilation et tenu à l'ombre, puis laminé dans de longs circuits, ne peut-il pas, à l'inverse, perdre ses qualités vivifiantes ?

Enfin l'air ne pourrait-il renfermer des principes que nous ignorons, principes actifs cependant, qui seraient détruits ou intervertis par le chauffage ?

Ce sont là des vues théoriques et des prévisions fondées sur les données récentes de la science ; mais on peut invoquer à leur appui des faits positifs et des observations certaines.

À l'époque où les cellules de la prison Mazas, à Paris, étaient hermétiquement fermées du côté du dehors, et où elles ne recevaient que l'air abondamment fourni par les ventilateurs installés par M. Grouvelle, air qui n'était chauffé pourtant que par le contact de récipients pleins d'eau chaude, on a vu des individus, détenus depuis peu, déclarer qu'ils étouffaient, tomber sérieusement malades, et réclamer l'ouverture des vasistas. Ils aimaient mieux ne pas être chauffés que d'être privés de l'atmosphère extérieure, pourtant brumeuse et froide. Les vasistas ayant été tenus ouverts, cet état de souffrance des détenus disparut aussitôt.

Ainsi, quand même l'air apporté par les tuyaux ventilateurs, aurait repris la quantité de vapeur d'eau normale à la température considérée ; quand même cet air n'entraînerait pas une seule molécule de gaz oxyde de carbone, il ne serait pas encore doué des propriétés vivifiantes de l'atmosphère naturellement chauffée par le contact des rayons solaires ou des corps insolés. Il entre sans doute dans la composition d'une atmosphère salubre, des éléments divers et complexes, que la physique et la chimie n'ont pas encore saisis, comme l'ozone et d'autres que nous ne soupçonnons pas, qui n'ont pas de nom dans la science, mais dont la physiologie démontre la présence, par les faits observés chez l'homme vivant.

Nous verrons dans un instant, à l'article des hôpitaux, quelle différence on obtient dans le traitement des maladies, suivant que l'on emploie, dans ces établissements, la ventilation artificielle, ou que, d'après la méthode des hôpitaux anglais, on laisse le vent courir librement dans les salles.

D'après ces considérations, nous réclamons, en ce qui concerne la ventilation des prisons, la ventilation naturelle, c'est-à-dire les fenêtres largement ouvertes, aussi souvent et aussi longtemps qu'on peut le faire : le jour et la nuit, pendant l'été, et le jour seulement, au printemps et à l'automne. Nous réclamons pour les prisons, de grandes ouvertures, faisant observer à ce propos, que les vasistas des cellules de la prison Mazas et des autres prisons cellulaires construites sur le même plan, ne donnent à l'air qu'un passage insuffisant.

Cependant, comme on ne peut pas, en hiver, laisser toujours les fenêtres des prisons ouvertes, il faut nécessairement recourir à une ventilation artificielle. Nous demandons que, dans ce cas, on fasse usage des trois principes, dont nous avons démontré la supériorité : le moteur mécanique, l'excès de pression et la ventilation renversée.

Arrivons pourtant à l'examen du système de ventilation en usage aujourd'hui dans les prisons françaises. Nous parlerons surtout de la prison Mazas, qui est citée comme le type et le modèle du genre.

Nous avons décrit, dans la *Notice sur le Chauffage*, le système de ventilation de la prison Mazas, qui se rattache, qui est même intimement lié, en hiver, à celui du chauffage ; nous aurons donc peu de chose de nouveau à dire ici sur la ventilation de cet établissement.

Nous avons déjà donné (*fig.* 215) le plan et la description de la prison Mazas. Le lecteur est prié de se reporter à cette figure, pour avoir présentes à l'esprit les dispositions générales que nous allons rappeler. L'air appelé des six grandes ailes, et de toutes les cellules, se réunit en un seul conduit souterrain qui passe ensuite dans une cheminée d'appel.

Ce système, on le voit, est assez simple, mais il n'est pas irréprochable. Y aurait-il une impossibilité quelconque, ou même une plus grande difficulté, à faire suivre à l'air la marche inverse à celle qu'il suit dans la prison Mazas, c'est-à-dire à le lancer du haut de l'édifice, à l'aide d'un ventilateur mécanique et de la ventilation renversée, pour le faire arriver de ce point central aux cellules ? Evidemment, il faudrait alors supprimer le trajet par les conduits d'aisances. Cette disposition barbare serait remplacée avec avantage, par une suite de tuyaux spéciaux affectés au passage de l'air pur. Chaque cellule serait munie d'une cuvette syphoïde, dite *à la méthode anglaise*, sur laquelle les détenus seraient en droit de mettre le couvercle, et qui ne donnerait jamais d'odeur.

Avec la ventilation par pression, substituée à la ventilation par appel, l'air de la cellule s'écoulerait directement en dehors, par une ouverture percée à une hauteur médiocre au-dessus du parquet, tandis que l'air nouveau arriverait près du plafond, et à l'autre extrémité de la pièce. Il n'y aurait pas un circuit complet de l'aller de l'air pur et du retour de l'air vicié, comme aujourd'hui, mais simplement un trajet direct, de telle sorte, que s'il s'agissait de l'établir de toutes pièces, la méthode que nous suggérons serait encore la plus économique.

Comme le système suivi à la prison cellulaire de Mazas à Paris, c'est-à-dire la ventilation par appel provoqué par une cheminée, a été reproduit dans les autres prisons cellulaires de la France, nous ne nous arrêterons pas à décrire les modes de ventilation installés dans les prisons de Tours, de Vienne, de Fontainebleau, de Montpellier, etc.

Ventilation des hôpitaux. — La principale cause de la viciation de l'air, dans les salles d'hôpitaux, n'est pas, comme nous l'avons déjà dit, la présence du gaz acide carbonique dans l'air, mais bien plutôt l'accumulation des sporules miasmatiques, qui s'exhalent du corps de certains malades comme d'autant de foyers de pestilence.

Si l'on pouvait voir dans l'air d'un hôpital, comme dans un verre d'eau trouble, les détritus organiques et les sporules miasmatiques, germes des maladies, on n'aurait pas plus, nous pouvons l'assurer, le désir de respirer l'atmosphère des salles d'un hôpital, que celui de boire le verre plein de ce liquide.

Ils ont négligé le véritable problème, ceux qui, ne se basant que sur le calcul de la quantité d'acide carbonique produit par la respiration, ont pensé que, par l'introduction, dûment ménagée, de 20 ou 30 mètres cubes d'air frais dans les salles, par heure et par malade, ils composeraient un milieu atmosphérique pur et salubre. Pour conserver notre comparaison du verre d'eau, ils ont agi moins sûrement encore que celui qui, pour chasser les impuretés lourdes tombées au fond du verre, et y formant une sorte de vase infecte, s'imaginerait purifier cette eau en versant avec précaution à sa surface, de grandes quantités d'eau fraîche. Cette eau déposée à la surface remuerait à peine la boue qui occupe le fond du verre ; elle n'en ferait pas sortir une parcelle. Les sporules organiques qui voltigent dans l'air d'une salle d'hôpital, se multiplient si vite, ces petits êtres animés sont tellement prolifiques, que la plus petite partie que l'on en laisse dans l'air, a bientôt empoisonné toutes les salles. Il ne faut donc pas se borner à aspirer, par la voie incertaine de l'appel, quelques bouffées d'air vicié ; il faut balayer largement les salles d'hôpital par des torrents d'air pur, incessamment poussé par des machines à refoulement.

Pour appuyer ce précepte par un exemple frappant, nous rappellerons ce qui est arrivé à l'hôpital Lariboisière, à Paris. On a dépensé, pour la construction de cet hôpital, des sommes considérables, et l'on y voyait, entre autres choses, le chef-d'œuvre de la ventilation moderne. Or, c'est l'un des hôpitaux de Paris les plus meurtriers ; il y périt deux fois plus de malades que dans les

Louis Figuier

petits hôpitaux, non ventilés. Ces résultats n'ont point ouvert les yeux à l'administration des hospices. Elle continue à consacrer à ce mode de ventilation des sommes considérables, qui pourraient recevoir un emploi plus utile. Bien plus, le nouvel Hôtel-Dieu qui s'élève dans la Cité, sera pourvu, assure-t-on, de ce même procédé de ventilation par appel, revu et perfectionné !

Une discussion importante eut lieu, à cette occasion, en 1868, devant la *Société de chirurgie de Paris*. Les conclusions unanimes des chirurgiens furent qu'au lieu de créer et d'établir au centre des grandes villes, ces hôpitaux immenses, où l'on entasse les pauvres gens par plusieurs centaines à la fois, il faudrait établir, à quelques lieues de la ville, dans des régions reconnues très-salubres, de petits hôpitaux, composés de quelques salles seulement, et ne recevant que peu de lits.

On savait déjà combien il vaut mieux qu'un malade se fasse opérer à la ville qu'à l'hôpital, et à la campagne mieux encore qu'à la ville ; mais voici des chiffres précis qui fixeront davantage les idées sur cette question. M. Léon le Fort, pendant la discussion devant la *Société de chirurgie*, a donné les tableaux suivants, qui représentent la mortalité pour cent amputés de la cuisse ou de la jambe, considérée dans des hôpitaux de diverse capacité.

		Amputation de la cuisse. —— Mortalité.	Amputation de la jambe. —— Mortalité.
Hôpitaux	ne contenant pas plus de 100 malades	25,3	17,7
—— renfermant de 100 à 200 malades		30,7	19,2
—	200 à 400 malades	37,5	22,4
—	400 malades et au delà	40,0	32,1
Hôpitaux	de Paris en 1861	74	70

Ainsi, l'amputation de la cuisse, qui réussit 3 fois sur 4 dans les petits hôpitaux, a donné, à l'inverse, 3 morts sur 4 opérations dans les hôpitaux de Paris. Ce résultat n'est-il pas effrayant ?

Ce tableau est tiré du discours prononcé par M. Léon le Fort, le 19 octobre 1868, devant la *Société de chirurgie*. Nous pourrions puiser encore dans cette discussion remarquable, bien des documents analogues. Les membres, si compétents, de cette société, furent unanimes sur le danger des hôpitaux de Paris, tels qu'ils sont établis. Chacun apporta les faits qu'il avait observés dans sa pratique, et il résulta de tout cela un ensemble de preuves vraiment accablant, concernant la mortalité des hôpitaux de la capitale, mortalité déplorable et qui ne peut être attribuée qu'à l'*encombrement*. Or cet *encombrement* n'est lui-même que l'expression et la conséquence d'une ventilation incomplète.

M. le professeur Verneuil a montré qu'un chirurgien consciencieux doit s'abstenir, dans les hôpitaux de Paris, de plusieurs opérations, qui sont pourtant nettement indiquées, et qui devraient être tentées partout ailleurs, notamment de l'opération césarienne, de l'ovariotomie, des grandes résections articulaires de la hanche et du genou, « ces fleurons de la pratique moderne, ces triomphes de la chirurgie conservatrice, » de la kélotomie, de l'extraction du cristallin et de ces nombreuses opérations, dites de complaisance, telles que celles de la blépharoplastie, des varicocèles, des lipômes, des hygromas, des corps étrangers articulaires, des tumeurs hypertrophiques de la mamelle, des doigts ankylosés, des orteils surnuméraires, toutes opérations qui se pratiquent parfaitement ailleurs, notamment en Angleterre, avec un complet succès.

Après ce préambule peu encourageant, nous passons à la description des modes de ventilation et d'assainissement qui sont en usage dans les hôpitaux de Paris.

Disons d'abord que la plupart des hôpitaux de la capitale ne sont ventilés en aucune manière. On nous a tant recommandé, on nous a tant dit, pendant notre enfance, de ne pas prendre froid, et d'éviter les courants d'air, que nous regardons les vents coulis comme les plus terribles de nos ennemis. Nous nous calfeutrons dans nos demeures, nous inventons les bourrelets de paille, voire même les bourrelets de caoutchouc, pour mieux fermer encore nos portes et nos fenêtres. À notre tour, nous élevons nos enfants dans du coton, et nous en faisons cette petite race lymphatique et poitrinaire, dont la taille diminue d'année en année, race chétive et rabougrie, si on la compare à celle de la nation anglo-saxonne. Quand nous avons à soigner un malade, nous redoublons ces mêmes précautions ; nous l'étouffons, par bonté de cœur. Les architectes, les administrateurs des hospices et jusqu'aux médecins, sont imbus du même préjugé. La ventilation, parce qu'elle introduit quelquefois dans les salles des courants d'air qui paraissent trop forts, trop froids ou trop chauds, leur est toujours quelque peu suspecte.

Dans plusieurs villes, où des idées plus saines sont professées à l'endroit de la ventilation, les hospices ne sont pas assez riches pour ventiler leurs salles d'après le savant système de l'hôpital Lariboisière, tant prôné dans les ouvrages classiques. Ce système paraît, d'ailleurs, si compliqué, que jamais simple ingénieur de la localité n'oserait aborder un projet semblable. On se résigne donc à rester dans la règle commune. Quelques rares fenêtres ouvertes dans les beaux jours, et donnant, comme à regret, un peu d'air salubre, voilà toute la ventilation des hôpitaux de nos départements. Et pourtant, disons-le bien bas, ces mêmes hôpitaux ne sont pas les plus mal partagés, sous le rapport de la mortalité.

Le moment est venu de décrire ce qui a été fait pour la ventilation dans les hôpitaux de Paris. À l'hôpital de Lariboisière, on a établi simultanément les deux systèmes rivaux, c'est-à-dire la ventilation par appel, et la ventilation par refoulement. À l'hôpital Necker et à l'hôpital Beaujon, on a essayé un système mixte, celui de M. le docteur Van Hecke. Parlons d'abord de l'hôpital Lariboisière.

Ce fut à la suite d'un concours ouvert pour la ventilation de cet hôpital, que l'administration de l'Assistance publique prit la sage mesure de faire établir simultanément dans chaque aile de l'édifice, le système d'appel proposé par M. Léon Duvoir, et celui d'insufflation proposé par M. Grouvelle, assisté de MM. Thomas et Laurens.

Ces deux systèmes fonctionnent aujourd'hui à l'hôpital Lariboisière. Rien n'était donc plus facile que de juger les deux méthodes, et de se prononcer entre elles. Cette étude comparative a été faite en 1856, par M. le docteur Grassi, alors pharmacien en chef de l'hôpital Lariboisière. Nous allons suivre M. Grassi dans

CHAPITRE X

l'intéressant travail qu'il a publié sur les résultats de ses études comparatives.[1]

Disons d'abord que l'hôpital Lariboisière contient six pavillons, destinés à contenir chacun cent malades : trois pavillons pour les hommes, et trois pour les femmes.

Fig. 260. — Ventilation par appel de l'une des ailes, de l'hospice Lariboisière, à Paris.

E, cloche servant de foyer auxiliaire dans le cas de réparation au foyer F' ; F, foyer ; S, serpentin établi dans le corps de la cheminée ; C, cheminée ; B, B', étuves pour le service des salles, chauffées par l'eau chaude du bouilleur ; T, tube ascensionnel partant du bouilleur et chauffant l'eau des étuves B, B' ; T', tube de distribution partant du réservoir de l'étuve B' et retournant au bouilleur ; R, réservoir supérieur d'eau chaude produisant l'appel ; A, tube ascensionnel ; A', tubes partant du réservoir R ; O, cheminée d'écoulement d'air ; P, poêles chauffant les salles ; V, conduits de ventilation ; D, bassin recevant les tuyaux de circulation de l'eau chaude pour leur retour à la chaudière.

La figure 260 donne la coupe longitudinale du pavillon de cet

1 *Étude sur le chauffage et la ventilation de l'hôpital Lariboisière*, in-8. Paris, 1856.

Louis Figuier

établissement auquel a été appliquée, par M. Léon Duvoir, la ventilation par appel.

Dix-sept poêles, P, P, quatre à chaque étage, et un dans l'escalier, sont chauffés par l'eau chaude circulant avec une certaine pression. Chacun de ces poêles est percé, à son centre, d'un espace cylindrique, vide, dans lequel arrive l'air puisé au dehors par le grand tuyau commun G. L'air chauffé par ce moyen remplit les salles ; puis il est repris par les ouvertures, V, percées dans les murailles, et sous l'influence de l'appel produit par le réservoir d'eau chaude, R, placé au sommet de l'édifice, il s'élève jusque dans les combles par les conduits pratiqués dans l'épaisseur des murs, et s'échappe par l'orifice de la cheminée d'appel, O.

D'après les traités, on doit attirer au dehors un volume d'air équivalant à 90 mètres cubes par heure et par malade ; mais la ventilation effective n'atteint pas un chiffre aussi élevé ; car l'appel de la cheminée attire dans les salles, par les joints des portes et des fenêtres, les deux tiers du volume gazeux total, qui ne font que raser les parois de la salle, sans aucun profit pour la respiration des malades.

La chambre qui contient le réservoir d'eau chaude, située au haut de l'édifice, se trouve en communication, par des canaux verticaux, placés dans l'épaisseur des murs, avec les différentes salles, dans lesquelles ces divers canaux débouchent, au niveau du sol, entre les lits. L'air, qui est en contact avec le réservoir supérieur, s'échauffe, devient plus léger, monte et s'échappe par la cheminée. Il se fait ainsi un vide partiel ; ce vide est comblé par l'air venant des salles, et qui monte par les canaux d'évacuation. Une partie de l'air des salles étant ainsi aspirée, doit être nécessairement remplacée par de l'air extérieur. Cet air s'introduit dans les salles par des canaux placés dans l'épaisseur du parquet, et qui aboutissent, d'un côté à l'extérieur, et de l'autre à un vide qui existe à la partie centrale des poêles ; de telle sorte que cet air ne peut arriver dans la salle qu'après s'être échauffé au contact des poêles.

Mais pendant l'été, il faut ventiler les pièces sans les chauffer. Pour y parvenir, en se borne à chauffer le réservoir des combles, ce qui produit un appel ascensionnel de l'air, et l'on ne chauffe point les poêles des salles. Il suffit, pour cela, de fermer leur communication

CHAPITRE X

avec le réservoir supérieur, et d'ouvrir un conduit qui ramène directement à la chaudière l'eau du réservoir supérieur.

Le même appareil sert encore à chauffer l'eau nécessaire aux besoins des malades.

Le système que nous venons de décrire, fonctionne très-bien pour le chauffage ; il maintient une bonne température dans les salles, même par des froids très-rigoureux. Mais, selon M. Grassi, il n'a pas les mêmes avantages pour la ventilation. Cet expérimentateur a mesuré avec soin le volume d'air qui entre par les poêles et celui qui sort, dans le même temps, par la cheminée d'appel. Voici le résultat de ses mesures.

Dans les meilleures conditions, l'air entrant par les poêles est de 35 mètres cubes par heure et par malade, tandis que le volume sortant des salles par les canaux d'évacuation est de 82 mètres cubes. La différence, ou 47 mètres cubes, est nécessairement due à de l'air qui entre par des ouvertures accidentelles, par les joints des portes et fenêtres. Or (et c'est ce qu'il importe essentiellement de remarquer ici), une bonne partie de l'air qui entre ainsi par les joints des fenêtres, est, immédiatement après son entrée, attiré par les ouvertures d'appel, qui en sont très-voisines ; il s'y rend directement, sans se mélanger à l'air de la salle, et par suite sans ventiler efficacement. C'est donc de l'air qui entre dans la salle et qui en sort en pure perte, sans avoir produit d'effet utile, c'est-à-dire sans avoir balayé devant lui l'air vicié. Cet air produit infiniment moins de résultat, pour la ventilation, que celui qui, arrivant par les poêles, pénètre par l'axe de la salle, et ne peut en sortir par les ouvertures latérales qu'après avoir balayé et changé l'atmosphère de l'enceinte.

On pourrait, il est vrai, obvier à cet inconvénient en calfeutrant les joints des croisées. Cet expédient, qui ôte la faculté d'ouvrir les croisées, avait été en effet mis en pratique, pendant quelque temps, à l'hôpital Beaujon ; mais on ne l'a jamais employé à l'hôpital Necker ni à Lariboisière, non parce qu'on était satisfait de la ventilation, mais parce qu'on reculait, avec raison, devant l'emploi d'un tel moyen.

Passons au système rival, à la ventilation par refoulement d'air, qui a été installé par MM. Thomas et Laurens, dans l'aile opposée de l'hôpital Lariboisière.

Le système de ventilation que MM. Thomas et Laurens ont établi à l'hôpital Lariboisière, est lié au mode de chauffage de M. Grouvelle par l'eau et la vapeur, que nous avons décrit dans la *Notice sur le Chauffage.*

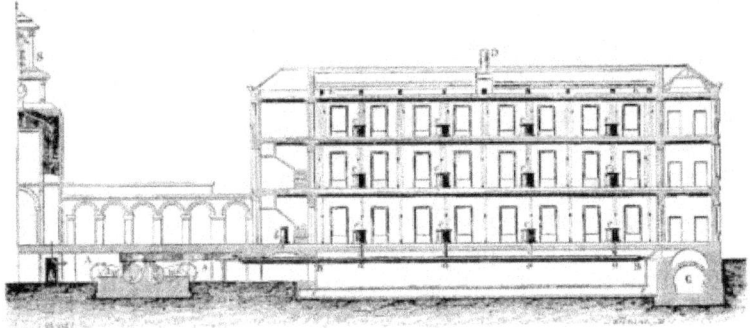

Fig. 261. — Système de ventilation par refoulement établi dans l'une des ailes de l'hôpital Lariboisière.

La figure 261 donne une idée du système de ventilation par refoulement que MM. Thomas et Laurens ont établi dans l'aile de l'hôpital Lariboisière opposée à celle qui est ventilée et chauffée par le système de l'appel.

Une machine à vapeur, AA, placée dans une cave, à l'extrémité de l'hôpital, met en mouvement un ventilateur VV, à force centrifuge. Celui-ci aspire, d'un côté, l'air qu'il puise au sommet S, du clocher de la chapelle. Cet air suit le canal *ijk*, et le ventilateur VV le pousse dans un grand tuyau, BB, qui va le porter et le distribuer aux différentes salles à ventiler.

La vapeur à quatre atmosphères, que produit la chaudière, fait marcher le ventilateur et perd ainsi une partie de sa force élastique, sans perdre presque rien de sa chaleur. Devenue vapeur à basse pression au sortir de la machine, elle est employée comme moyen de chauffage. Pour cela, elle est reçue dans un tuyau spécial, dont les ramifications se rendent dans les poêles à eau qui se trouvent placés dans les salles. Cette vapeur se condense en cédant sa chaleur aux pièces qu'elle parcourt. Revenue à l'état liquide, elle est rapportée, par le tuyau *ee*, à la machine, qui lui rendra bientôt son état gazeux et toutes ses propriétés. Ainsi, toutes ses propriétés sont utilisées, et utilisées avec une perte minime : la vapeur produit son effet mécanique, se détend, et cède ensuite sa chaleur latente en repassant à l'état liquide.

L'air, poussé par le ventilateur dans le grand tuyau porte-vent, BB, se divise en ramifications, *aa*, et se rend aux salles qu'il doit ventiler ; mais, avant de se mélanger à l'atmosphère de l'enceinte, il parcourt un conduit situé sur la ligne médiane, et s'échauffe au contact des tuyaux de vapeur et de retour d'eau. Il traverse ensuite les poêles *c, c*, auxquels il prend encore de la chaleur. L'air, sortant des poêles, monte à la partie supérieure de la salle, s'étend en nappe et descend ensuite, poussé par derrière, par de nouvelles couches qui le suivent et le remplacent. Il arrive bientôt dans la zone de la respiration, et, parvenu à la partie inférieure, il s'engage dans les conduits d'évacuation qui règnent dans les murs latéraux et suivant un conducteur commun EE, se rendent tous à une vaste cheminée, D, placée à la partie supérieure du comble, d'où il s'échappe au dehors.

L'air qui pénètre dans la salle y arrive par la ligne médiane, et, comme il en sort par les parois latérales, après avoir parcouru le trajet que nous avons indiqué, il est bien forcé de changer continuellement et complètement l'atmosphère de l'enceinte. Tout cet air produit donc ici un effet utile. Tandis que, dans la ventilation par appel, une bonne partie de l'air, dont on constate l'issue par la cheminée, est entré par les joints des croisées et a rasé le mur, pour se rendre à l'ouverture d'appel, sans se mélanger à l'air de la salle ; ici, au contraire, tout l'air qui entre produit une ventilation efficace. Aussi, à volume égal d'air débité, la ventilation mécanique, établie dans les conditions précédentes, produit-elle plus d'effet que la ventilation par appel.

Voilà donc une des différences capitales dans les résultats fournis par les deux systèmes. Ce n'est pas la seule.

M. Grassi a trouvé que, tandis que le système par appel faisait entrer par les poêles 35 mètres cubes d'air par heure et par malade, la ventilation mécanique en donnait 115, Cette quantité d'air, déjà si grande, fournie par une machine faisant marcher un seul ventilateur, pourrait encore être augmentée dans une grande proportion, si des circonstances malheureuses, une épidémie, par exemple, exigeaient une ventilation plus énergique et une augmentation du nombre des lits contenus dans les salles.

Le générateur de vapeur sert encore à chauffer l'eau nécessaire aux malades. Il dessert le service des bains ordinaires et des bains de vapeur, et fournit l'eau chaude qui alimente la buanderie de l'hôpital. Des dispositions particulières permettent d'augmenter l'humidité de l'air injecté, quand il est trop sec en hiver, ou de le rafraîchir pendant les chaleurs de l'été. On peut, à volonté, ouvrir ou fermer les croisées, sans troubler la ventilation : la même quantité d'air pur entre toujours par la partie centrale de la salle.

Le chauffage mixte par l'eau et la vapeur, selon le système de M. Grouvelle, que nous avons décrit dans la *Notice sur le Chauffage*, marche ici avec une régularité parfaite. Il réunit, comme nous l'avons déjà dit, l'avantage du chauffage à la vapeur qui assure l'instantanéité de l'effet, et celui du chauffage à l'eau, qui tient en réserve, dans les poêles, de grandes quantités de chaleur.

De toutes les recherches et expériences comparatives qu'il a faites sur les deux systèmes de ventilation qui fonctionnent à l'hôpital Lariboisière, M. Grassi conclut que la ventilation produite par un agent mécanique doit être préférée toutes les fois que l'on peut utiliser, pour des chauffages divers, la vapeur qui sert à faire marcher le ventilateur.

La troisième méthode de ventilation établie dans les hôpitaux de Paris, est fondée, comme la précédente, sur le refoulement de l'air par un moteur. Elle fut apportée de Belgique par le docteur Van Hecke, qui en fit l'application à l'hôpital Beaujon et à l'hôpital Necker. Un ventilateur mécanique puise l'air pur dans les jardins de l'hôpital, le fait passer, en hiver, au contact d'un calorifère, et le lance dans les salles.

L'appareil de M. Van Hecke fonctionnait depuis plusieurs années, dans quelques édifices publics de Bruxelles, lorsque l'administration des Hôpitaux de Paris le fit établir, par l'inventeur, dans un des pavillons de soixante lits de l'hôpital Beaujon.

Le système de M. Van Hecke a pour base la ventilation par refoulement, moyen dont la supériorité est définitivement jugée.

CHAPITRE X

C'est donc là un point de départ dont la valeur absolue est acquise. Mais il présente encore une supériorité marquée, au point de vue de l'économie, sur les moyens mécaniques de ventilation qui sont employés par MM. Thomas et Laurens à l'hospice Lariboisière. On peut dire qu'avec ce système, la dépense est réduite à la plus faible proportion possible. Voici, d'ailleurs, l'ensemble des dispositions qui le composent.

M. le docteur Van Hecke se sert de calorifères à air chaud, comme moyen de chauffage. Son ventilateur mécanique est une hélice de métal, assez semblable à la vis de Mothe que nous avons décrite et figurée. Cette hélice est pourvue d'ailettes, et mue par une petite machine à vapeur. La vapeur qui a servi à faire marcher l'hélice ventilatrice, est employée au chauffage de l'eau nécessaire aux besoins des malades.

Le principe de cet appareil est bon, et ses effets pouvaient être prévus d'avance. Aussi, les expériences qui ont été faites par ordre de l'administration des Hospices, ont-elles permis de constater, dans la cheminée d'évacuation, un *débit de 60 mètres cubes d'air par heure et par malade.* Ce résultat est surtout remarquable par la force très-minime qui le produit, car la machine n'a pour force qu'un quart de cheval-vapeur, et ne brûle pas une quantité de combustible plus grande que celle que consommaient les fourneaux de cuisine qui existaient à l'hôpital avant son établissement.

L'appareil de M. Van Hecke est muni d'un dynamomètre, dont le cadran, visible à tous les étages de l'hôpital, indique à tout moment l'état de la ventilation, et permet ainsi une vérification instantanée de ses résultats. Un compteur spécial permet de déterminer le volume d'air qui a été extrait par la machine, pendant plusieurs mois consécutifs, et cela au moyen de deux observations seulement.

Le tableau suivant, tiré du mémoire de M. Grassi, donnera la mesure de la valeur relative de ces trois systèmes.

Quantité d'air renouvelé, par heure et par malade.

Système Duvoir (en ne tenant compte que de l'air qui arrive par les canaux)	30 mc
Système Thomas et Laurens	90

Louis Figuier

| Système Van Hecke | 97 |

Dépense de première installation, par lit.

Système Duvoir	480 fr.
Système Thomas et Laurens	808
Système Van Hecke	236

Dépense annuelle d'entretien et de fonctionnement, par lit.

Système Duvoir	51 fr.
Système Thomas et Laurens	101
Système Van Hecke	23

Prix de revient du mètre cube fourni pendant toute l'année.

Système de Duvoir (appel)	3 fr. 36
Système Thomas et Laurens (refoulement)	1 fr. 76
Système Van Hecke (refoulement)	0 fr. 61

Évidemment, ici, l'avantage appartient tout entier au système Van Hecke.

Mais que peuvent les meilleurs de ces procédés de ventilation contre les sporules miasmatiques dont nos hôpitaux sont infectés ? Malgré la perfection évidente du dernier système que nous avons décrit, celui du docteur Van Hecke, la mortalité des hôpitaux de la capitale démontre avec une triste éloquence que l'assainissement de ces lieux de souffrance est encore un problème bien imparfaitement résolu à Paris. Combien le grand coup de balai donné par le vent vaudrait mieux, pour éliminer les miasmes organiques, que ces courants insensibles qui soulèvent à peine les poussières d'une salle, et qui n'ont d'autre effet que de porter les germes de malade à malade, pour augmenter l'infection et accroître la mortalité !

Ce coup de balai donné par le vent à travers les salles d'un hôpital, n'est pas une figure de rhétorique, que nous composons à loisir, pour les besoins de notre thèse. Ce système, fils de la nature, existe dans la Grande-Bretagne. Un rapport très-intéressant dû à MM. Blondel et Serr, publié il y a peu d'années, par les soins de l'Administration de l'assistance publique de Paris, va nous donner à cet égard des renseignements instructifs.[1]

« Les Anglais, disent MM. Blondel et Serr, sont les premiers à convenir que la pureté de l'air de leurs salles tient bien plus à la ventilation qu'ils y produisent par l'ouverture courante des croisées et des portes, qu'aux dimensions de ces salles, au petit nombre de lits, à la propreté et à la simplicité du matériel.

« Nous déclarons volontiers que nous n'avons point reconnu dans les hôpitaux de Londres, l'odeur particulière aux salles de malades, si fréquente dans nos établissements.

« Vous ne sauriez, monsieur le Directeur, pour vous figurer ce que nous avons vu, donner trop d'extension à cette expression d'*ouvrir les fenêtres* : vous resterez toujours au-dessous de ce qu'elle signifie en Angleterre. Ce n'est pas çà et là, comme chez nous, une partie de croisée qui laisse entrer l'air du dehors ; ce sont toutes les croisées, toutes les portes des salles qui restent ouvertes constamment ; et, de peur que cela ne suffise pas, on ménage des communications directes ou indirectes avec l'extérieur, à travers les murs, dans les imposes des portes, au-dessus des croisées, quand celles-ci ne montent pas jusqu'au plancher haut ; on en voit ainsi dans les plafonds, dans les coffres des cheminées......

« Certaines parties de croisées ont des carreaux percés, ou remplacés par des treillis de fer. Ailleurs on établit, au lieu de vitres, des ouvertures à soufflet qui restent béantes en toute saison, la nuit comme le jour.

« Le programme de nos voisins, en fait de ventilation, est donc des plus simples : *De l'air pur, quelle que soit la température, quels que soient les courants......*

« Quoi qu'il doive en advenir par la suite, on peut dire, dès à présent, que les Anglais balayent leurs salles par des bourrasques de vent ; tandis que les Français tiennent à purifier les leurs sans secousses et sans courants sensibles. »

Nous avons cité ces dernières phrases *in extenso*, autant parce qu'elles expriment nettement l'état des choses, que pour montrer que les deux auteurs du *Rapport sur les hôpitaux de Londres*, malgré la fidélité de leur exposé, sont encore plutôt partisans du vicieux

---

1 *Rapport sur les hôpitaux civils de la ville de Londres.* Ce volume est écrit sous forme de lettres à M. le directeur de l'Assistance publique de Paris.

Louis Figuier

système de Paris, que de l'excellent usage de l'Angleterre.

L'hôpital de Glascow, qui a été longtemps cité comme un modèle, peut servir à faire comprendre la manière dont les salles d'hôpitaux sont ventilées dans la Grande-Bretagne. Chaque salle, qui contient 19 lits, est pourvue, en son milieu, d'une double et énorme cheminée, à laquelle aboutit un large tuyau de ventilation. L'air attiré de l'extérieur, par l'appel de la cheminée, suit le tuyau de ventilation et se déverse dans chaque salle. Le conduit ventilateur puise l'air à l'ouverture des fenêtres, l'amène à travers le mur et le plancher, et le verse en haut et en bas de chaque salle. Une bouche aspirante est ouverte en haut de chaque plafond, pour attirer au dehors l'air vicié.

Cependant la ventilation se fait surtout par l'ouverture fréquente des fenêtres, qui sont hautes de près de 3 mètres, et dont la largeur occupe les deux tiers de la façade de l'édifice. Tout est là. On comprend quelles prises a le vent, pendant la journée, sur des salles dont chacune est munie d'une double cheminée d'appel, et comment la nuit, une ventilation, considérable encore, s'effectue par le tirage de la même cheminée d'appel, demeurée chaude.

L'exposition au grand air est donc la grande loi du système anglais, et ainsi s'explique la faible mortalité reconnue, d'une manière irréfragable, aux hôpitaux de la Grande-Bretagne.

Nous ajouterons, à l'appui de la même idée, que, dans divers établissements hospitaliers de la Prusse, on établit les lits des opérés dans de petits pavillons, au milieu des jardins. Grâce à cette précaution, la mortalité des opérés est, dit-on, très-minime. Mon ami, le professeur Courty, de Montpellier, qui m'a rapporté ce fait, ajoutait qu'il ne pouvait revenir de sa surprise de voir les malades que l'on aurait entourés dans nos hôpitaux, de clôtures de tout genre, être ainsi largement exposés à l'influence de l'air.

Cette disposition nouvelle est, d'ailleurs, nous devons le dire, en ce moment à l'étude. On a fabriqué et établi, en 1869, aux hospices Cochin et Saint-Louis, des tentes de toile, qui seraient placées dans les jardins, en été. Si ce système réussit, on se propose de l'introduire à l'hôpital Napoléon, qui a été inauguré le 18 juillet 1869, et qui, situé sur la plage, à sept à huit lieues de Boulogne, doit être consacré au traitement des enfants scrofuleux, que l'on y enverra de Paris, au lieu de les laisser dans les hospices insalubres de la capitale.

En résumé, de petits hôpitaux placés loin des villes, formés d'un petit nombre de pièces, garnis de trois à quatre lits tout au plus, voilà évidemment la perfection du genre. Et dans ce cas, nous n'avons pas besoin de le dire, la ventilation n'offrirait aucune difficulté. Si la ventilation par les fenêtres ouvertes en été, par les cheminées allumées en hiver, ne suffisait pas, un ventilateur mécanique agissant par refoulement d'air, et avec la ventilation renversée, assurerait une salubrité absolue.

Voilà sans nul doute ce qu'on aurait dû faire à Paris, au lieu de relever et de rebâtir le vieil Hôtel-Dieu sur les bords insalubres de la Seine. À la place du monument énorme qui s'élève dans la Cité, au cœur de la population, et au milieu des causes les plus diverses d'infection, il aurait fallu aller bâtir loin de la capitale, sur de vastes terrains, bien exposés au vent et au soleil, de petits hôpitaux, espacés et pleins d'air, des maisons de campagne, plutôt que des hospices, où la place ne serait plus mesurée parcimonieusement aux malades. Jusqu'ici, trop de malheureux ont payé de leur vie les vieilles aberrations des architectes parisiens, et l'esprit routinier de l'administration de l'Assistance publique. Il serait temps de faire entrer dans la pratique les principes que professent unanimement sur ce point les médecins et les chirurgiens instruits, tant en France qu'à l'étranger.

C'est ce qu'exprimait avec beaucoup d'énergie et de vérité, un de nos chirurgiens, M. Léon Le Fort, dans la discussion remarquable qui eut lieu en 1868, à propos de cette question, dans le sein de la *Société de chirurgie*.

« Quant au projet de l'administration municipale, disait M. Léon Le Fort, Je le trouve injustifiable et dangereux... injustifiable, car avec l'argent que coûterait un Hôtel-Dieu malsain et meurtrier, il serait facile de créer au dehors de Paris quatre hôpitaux de quatre cents lits chacun ;... dangereux, parce qu'en l'exécutant malgré l'avis du corps médical, l'administration municipale assumerait sur elle la lourde responsabilité d'une mortalité qui serait son œuvre, et qui, portant sur le pauvre, ne fait pas seulement couler des larmes, mais fait encore asseoir à son foyer le désespoir, la misère et la faim. »

CHAPITRE XI

MOYENS DE RAFRAÎCHIR L'AIR EN ÉTÉ, DANS LES HABITATIONS
ET LES ÉDIFICES PUBLICS. — MÉTHODES PROPOSÉES JUSQU'ICI. —
APPAREIL DE PÉCLET. — EXPÉRIENCES DE M. LE GÉNÉRAL MORIN.
— NOUVEAUX PROCÉDÉS.

Nous terminerons cette Notice par quelques mots sur l'art de rafraîchir, pendant l'été, les édifices publics et les habitations privées.

Il est inutile de beaucoup insister pour faire comprendre combien il serait agréable et salutaire à la fois, de pouvoir rafraîchir, en été, les édifices publics et les habitations particulières. Il y a même lieu de s'étonner que, dans une civilisation qui se prétend aussi avancée que la nôtre, rien de sérieux n'ait encore été fait dans cette direction.

L'échauffement des toitures par les rayons solaires, rend, chaque été, presque inhabitables les combles des maisons. L'élévation de température qui en résulte, persiste longtemps après le coucher du soleil, et transforme en véritables fours les ateliers établis sous les toits. La chaleur est surtout intolérable quand les couvertures sont en cuivre, en plomb ou en zinc, posées sur des voliges très-minces, et plus encore quand une partie de la couverture est simplement formée par des vitrages. Il n'est pas rare de voir, dans les ateliers relégués sous les combles, le thermomètre monter à 40 et à 45 degrés, alors que la température extérieure, à l'ombre, ne dépasse point 30 degrés.

Cet échauffement extraordinaire des logements exposés au rayonnement direct du soleil d'été, aurait dû, depuis longtemps, éveiller la sollicitude des autorités spéciales. On prodigue aux architectes les instructions et les règlements, pour assurer la salubrité des habitations, mais on a jusqu'ici oublié de s'occuper de l'aération des étages supérieurs, que les rayons solaires frappent d'aplomb pendant tout l'été. Aussi les gares des chemins de fer, par exemple, malgré les ouvertures permanentes pratiquées vers le faîtage, sont-elles, chaque été, de véritables étuves, dont le séjour n'est pas seulement très-pénible, mais dangereux pour les agents obligés de manœuvrer le matériel.

Dans l'immense gare du chemin de fer de Paris à Lyon, la température dépassa 40 degrés, aux premiers jours du mois de juillet 1865. Dans celle du chemin de fer de l'Est, elle s'est élevée à 46 degrés, et dans celle de Strasbourg, elle a même atteint 48 degrés.

En présence de ces faits, il est urgent de songer à quelque moyen pratique d'aérage et de refroidissement des toitures des édifices ou des maisons particulières. Des mesures de ce genre sont même nécessaires pour les bâtiments déjà soumis à une ventilation régulière, car l'élévation durable de température que l'insolation produit dans l'intérieur des combles, est un obstacle sérieux au bon fonctionnement des ventilateurs. On sait, en effet, que, dans la plupart des cas, il faut établir, dans les parties supérieures des édifices, des chambres de mélange où l'air chaud, fourni par les appareils de chauffage, se mêle avec une certaine quantité d'air froid, pour pénétrer ensuite par les plafonds, dans les locaux qu'il s'agit d'assainir. Mais il est clair que cette disposition, convenable pour les saisons d'hiver, de printemps et d'automne, présente, en été, le grave inconvénient de faire arriver dans les salles à ventiler, un air trop chaud, parce qu'il a traversé les combles. Cette difficulté se fit sentir à l'occasion des projets de ventilation du grand amphithéâtre du Conservatoire des arts et métiers, de la salle de séances de l'Institut, de la salle des réunions de la *Société d'encouragement*, etc., etc. Elle se reproduirait presque partout où les conditions locales ne permettent pas de faire passer par des caves suffisamment fraîches, vastes et salubres, l'air nouveau que l'on fait affluer dans les salles.

La recherche des moyens à employer pour éviter l'échauffement excessif de l'air dans les combles des édifices, n'est donc pas moins importante pour les ateliers, les salles de réunion, les gares de chemin de fer, etc., que pour les bâtiments publics ou les maisons qui doivent être ventilés d'une manière régulière.

Les solutions de ce problème d'hygiène publique peuvent être de deux sortes : on peut se proposer de rafraîchir l'air à introduire dans les salles, ou bien tenter d'empêcher l'échauffement préalable

Louis Figuier

des locaux par lesquels cet air doit passer, ou dans lesquels il doit être admis. Rien n'empêcherait d'employer concurremment ces deux modes de refroidissement, s'il se trouvait que l'un et l'autre fussent praticables et peu coûteux. Nous allons, d'ailleurs, les examiner successivement l'un et l'autre.

Rafraîchissement de l'air. — Le moyen auquel on a le plus naturellement songé pour le rafraîchissement de l'air destiné à être introduit dans les appartements, c'est l'arrosage. C'est aussi le moyen le plus ancien. Dans leurs cirques et leurs amphithéâtres, les Romains tendaient le *vélum*, qui n'était qu'une vaste tente, que l'on arrosait continuellement avec de l'eau.

De nos jours, on a fait usage du même moyen, en Angleterre, pour rafraîchir la salle de la Chambre des Lords. On faisait traverser à l'air, servant à la ventilation ordinaire, des capacités remplies de toiles mouillées, et continuellement arrosées par des jets d'eau nombreux. L'air qui s'introduisait dans l'enceinte de l'assemblée, était ainsi très-chargé de vapeur d'eau.

Evidemment cet air venant du dehors et chargé de vapeur d'eau, était plus frais que celui de l'intérieur de la salle, mais est-il sain de respirer une atmosphère ainsi saturée d'humidité ? Et d'ailleurs obtient-on de ce moyen l'effet désiré ? On n'a pas réfléchi que, le corps humain perdant naturellement sa chaleur par la transpiration cutanée et pulmonaire, cet effet sera affaibli, si l'air est déjà saturé de vapeurs d'eau ; — que les indications thermométriques ne tranchent pas la question ; — et qu'un vent chaud et sec est bien moins pénible qu'un air chaud et humide.

M. Léon Duvoir, chargé, il y a plusieurs années, de rafraîchir la salle des séances de l'Institut, à Paris, tomba dans cette même erreur. Le procédé qu'il essaya, consistait à faire arriver l'air dans la salle, par des tubes en fer, à l'intérieur desquels coulait sans cesse une nappe d'eau. Les académiciens n'eurent pas beaucoup à se louer de cette méthode, à laquelle on renonça bien vite.

M. Péclet proposa alors de perfectionner cette disposition, en faisant passer l'air à refroidir dans un appareil composé d'un grand nombre de petits tubes mouillés, non plus à l'intérieur, comme le faisait M. Léon Duvoir, mais à l'extérieur. Chaque tube aurait été entouré d'une toile toujours humide, et l'évaporation aurait été activée par l'insufflation d'un ventilateur énergique. De cette manière, l'air serait arrivé dans la salle avec la quantité de vapeur d'eau qu'il doit normalement contenir.

Un moyen plus efficace repose sur le refroidissement de l'air produit au contact de vases contenant de la glace, ou des mélanges frigorifiques. La meilleure disposition à adopter pour obtenir ce résultat est représentée par la figure 262.

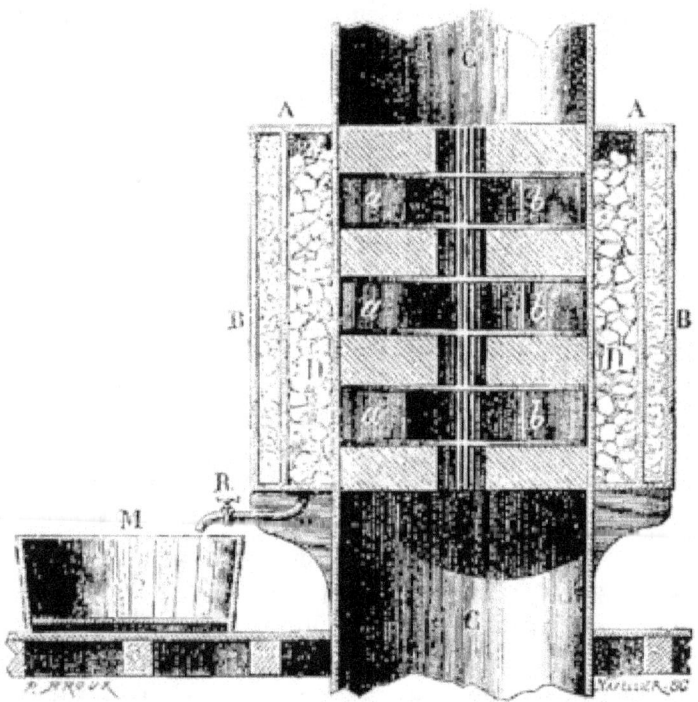

Fig. 262. — Appareil pour rafraîchir l'air.

Le conduit de l'air, CC, traverse un manchon, AB, formé d'une double enveloppe. La capacité intérieure, D, entourant le conduit d'air, renferme de la glace. La capacité suivante, B, est remplie de tan, ou mieux d'édredon ou de ouate, afin d'éviter la déperdition du froid. Un robinet, R, fait couler dans le vase, M, l'eau provenant de la fusion de la glace.

Le conduit d'air, CC, est rempli de petites ailettes métalliques *a,*

Louis Figuier

b, qui augmentent les surfaces de contact de l'air avec les parois refroidies par la glace. Ces ailettes métalliques sont portées sur un axe vertical, et placées par rangées successives, mais dans des plans différents ; ce qui multiplie davantage encore les surfaces de contact de l'air avec les parois métalliques refroidies.

Un mélange frigorifique composé de sel marin et de glace, est plus avantageux que la glace pure, si le prix de la glace est élevé, ou si la surface du manchon est petite, relativement à la réfrigération qu'on veut obtenir.

Ce moyen a été employé avec succès ; mais il est loin d'être économique. On a calculé que pour l'appliquer à l'hôpital Lariboisière, par exemple, il faudrait dépenser autant pour rafraîchir les salles pendant l'été, que pour les réchauffer pendant l'hiver, même en ne se basant que sur le prix, fort bas, de 5 centimes le kilogramme de glace.

Un troisième moyen de rafraîchir l'air qui doit être introduit dans les maisons ou les édifices, est celui qu'utilise pour son cabinet du Conservatoire des arts et métiers, M. le général Morin. Ce moyen consiste à puiser l'air frais dans des caves ou des souterrains. Un tel procédé est économique, à la vérité, mais il serait difficile de l'appliquer sur une grande échelle, car il faudrait des souterrains bien vastes pour fournir, à un édifice public, à un théâtre, par exemple, le volume d'air nécessaire pour une soirée.

À Paris, on pourrait se servir des Catacombes comme réservoir d'air frais. Il règne dans ces lieux souterrains, une température constante, d'environ 11 degrés. Seulement, pour que cet air fût salubre, il faudrait arrêter les suintements, qui proviennent des égouts et des cimetières, et pratiquer bien d'autres réparations encore.

On a pris quelquefois l'air frais à une grande hauteur dans l'atmosphère, grâce à des cheminées spéciales, ou en se servant des clochers et autres édifices élevés. À l'hôpital Lariboisière, où ce moyen est employé, l'appel de l'air au haut du clocher est déterminé, comme nous l'avons déjà dit, par un ventilateur mécanique, placé dans le bâtiment à ventiler.

CHAPITRE XI

Fig. 263. — L'hôpital Guy à Londres, et son système de
ventilation d'été.

À l'hôpital Guy, à Londres, où cette méthode paraît avoir été
employée pour la première fois, on se sert, pour attirer l'air pur
venant des régions élevées, d'un petit foyer placé au bas du clocher,
comme le montre la figure 263. L'air attiré du haut du clocher, A,

Louis Figuier

au moyen du foyer, d'une cheminée, B, placée au bas du clocher, parcourt les salles, I, J, de l'hôpital, et est attiré à l'extérieur par une seconde cheminée, placée dans les combles, C, ce qui produit une circulation d'air continue à travers toutes les salles.

Malheureusement, les couches des régions élevées de l'atmosphère ne possèdent pas toujours, en été, une température qui diffère assez de la température ambiante, pour que ce moyen de rafraîchissement soit très-efficace.

Le dernier moyen, qui nous reste à faire connaître, est plus satisfaisant. Il repose sur le principe suivant, bien connu en physique. Quand on condense un gaz, il s'échauffe, comme le montre l'expérience connue sous le nom de *briquet à air* ; quand on le dilate, au contraire, il se refroidit. Or, supposons que, dans un récipient quelconque, nous ayons condensé une certaine quantité d'air, et qu'ayant abandonné pendant quelque temps l'appareil, contenant et contenu se soient mis en équilibre avec la température ambiante. Si nous donnons issue à l'air du récipient, il se trouvera dans le cas d'un gaz qui se dilate, et pour revenir à la pression atmosphérique, il se refroidira d'autant plus qu'il aura été plus condensé.

Ce principe a été appliqué aux Indes orientales, pour la fabrication artificielle de la glace, ce qui prouve qu'au besoin, on peut obtenir, par cette méthode, un froid intense.

Malheureusement, ce procédé est à peu près impraticable, à cause de la dépense. Il faudrait employer de 3/5 à 4/5 de cheval-vapeur, par chaque malade d'un hôpital, pour obtenir la force motrice destinée à condenser l'air.

Tous les moyens que nous venons de décrire, pour refroidir l'air avant de l'introduire dans les pièces, ont été expérimentés en 1865, par M. le général Morin, et aucun n'a fourni des résultats satisfaisants. Dans une série d'expériences ayant pour but d'éclairer la question qui nous occupe, M. le général Morin a essayé de faire passer de l'air à travers un jet d'eau réduite à l'état pulvérulent. L'abaissement de température obtenu de cette manière, n'était que de 2 degrés, et les frais, en revanche, étaient considérables, en raison du grand volume d'eau nécessaire pour l'opération, et de la force motrice qu'il fallait employer.

CHAPITRE XI

M. le général Morin a mis également en pratique le système recommandé par M. Péclet, et que M. Léon Duvoir avait tenté d'appliquer au palais de l'Institut de Paris : faire passer l'air à travers des tubes métalliques, à l'intérieur desquels circule un courant d'eau froide. Or, ce système a exigé des surfaces d'un développement énorme, par rapport au volume d'air rafraîchi, même dans le cas où l'eau était refroidie artificiellement par de la glace dont le poids, en kilogrammes, était à peu près égal au nombre de mètres cubes d'air ainsi rafraîchi ! On conviendra que la pratique devra exclure tout d'abord les moyens de cette nature, dont l'effet serait si disproportionné à la dépense qu'ils exigeraient.

Rafraîchissement direct des locaux. — Nous nous trouvons ainsi ramené, par voie d'exclusion, au système du refroidissement direct des locaux. Dans le mémoire dont nous parlions plus haut, et qui a été présenté en 1865, à l'Académie des sciences, M. le général Morin a fait connaître les deux dispositions qui, selon lui, offriraient le plus d'avantages pour préserver de l'excès de chaleur les maisons et les édifices.

Ces moyens sont : l'*aération continue* par des orifices nombreux et largement proportionnés, et l'*arrosage des toitures*.

Le premier procédé n'exige pas de dispositions particulières. Il faudra calculer les orifices d'évacuation de manière que l'air soit renouvelé au moins deux fois par heure, mais sans que la vitesse d'écoulement dépasse 40 à 50 centimètres par seconde. Les cheminées d'évacuation devront être en tôle à leur partie extérieure, afin que l'action du soleil, en les échauffant, en active le tirage ; on leur donnera 3 mètres et plus de hauteur au-dessus des toits. Les orifices d'admission de l'air seront aussi nombreux que possible, et ouverts de préférence sur les côtés qui ne reçoivent pas les rayons du soleil. Leurs dimensions seront telles que l'air ne les traverse pas avec une vitesse de plus de 30 à 40 centimètres par seconde (un peu moindre que la vitesse d'écoulement de l'air évacué), et que le volume d'air introduit remplace celui qui est expulsé.

Pour les ateliers, et en général pour tous les locaux éclairés au gaz, il faudra, en outre, assurer l'évacuation des produits de la combustion, soit directement à l'extérieur, soit indirectement par les cheminées de ventilation, dont la marche sera ainsi activée.

Louis Figuier

Ces cheminées devront être d'ailleurs munies de registres pour en régler l'action suivant les circonstances.

L'emploi des persiennes et des stores se recommande ici, comme moyen accessoire d'empêcher l'accès des rayons directs du soleil. Les fenêtres en forme de châssis à tabatière, pourront être recouvertes de toiles arrosées d'eau.

Le deuxième procédé, c'est-à-dire l'*arrosage*, pourra être appliqué à la plupart des édifices et des habitations dès que la nouvelle distribution d'eau de la ville de Paris sera organisée. C'est un procédé éminemment approprié aux grandes villes. Il imite les effets naturels de la pluie, et il est très-efficace. Un peu plus d'un mètre cube d'eau par heure suffirait pour mouiller 100 mètres carrés de toiture, et les mettre à l'abri de réchauffement produit par la radiation solaire. Appliqué dès le matin et continué pendant tout le temps que le soleil agit, ce procédé non-seulement s'opposerait à l'échauffement des toits, mais il pourrait même servir à entretenir les parois intérieures des édifices à une température inférieure à celle de l'atmosphère, et à refroidir convenablement l'air qui pénètre dans les combles.

Ce service d'arrosage étant accidentel et ne devant jamais s'appliquer à plus de 60 jours par an, les frais qu'il entraînerait seraient très-modiques. Pour une vaste gare, comme celle du chemin de fer d'Orléans, qui a 138 mètres de longueur sur 28 de largeur, la dépense annuelle d'arrosage ne s'élèverait probablement pas à 1 000 francs.

Ces deux procédés proposés par M. le général Morin, à savoir, l'aération continue et l'arrosage artificiel, se recommandent donc également par leur simplicité et par la modicité de la dépense qu'ils occasionneraient. Leur emploi, qui permettrait d'assurer, en toute saison, la ventilation intérieure des lieux de réunion, constituerait pour la salubrité publique un véritable progrès.

La présentation à l'Académie des sciences, du Mémoire de M. le général Morin, donna occasion à M. Regnault de revenir sur un projet d'aérage qu'il avait soumis, en 1854, au ministère d'État, et qui devait servir pour les bâtiments de l'Exposition universelle de 1855. Dans ce projet, l'illustre académicien avait repoussé les procédés fondés sur le refroidissement de l'air des salles par les moyens physiques artificiels, aussi bien que tous ceux où la ventilation est produite par des machines. Ces moyens lui avaient paru inefficaces, embarrassants et trop coûteux, comme à M. Morin lui-même. Au lieu de recourir à des mécanismes compliqués, il suffirait, selon M. Regnault, d'emprunter la force motrice nécessaire pour la ventilation, à la chaleur même qui est engendrée par le rayonnement solaire. On n'aurait qu'à poser une toiture double en zinc, pourvue d'un certain nombre de cheminées, pour obtenir une ventilation automatique, sous l'influence du soleil lui-même, qui se chargerait de chauffer par appel, ce vaste appareil d'évacuation.

Les bâtiments de l'Exposition universelle de 1855 se composaient du Palais de l'Industrie, d'une grande galerie établie sur le Cours-la-Reine et longeant la rivière, et d'une construction provisoire faite aux Champs-Élysées.

Pour la galerie du Cours-la-Reine, M. Regnault demandait que la grande couverture demi-cylindrique en zinc, fût double, avec un intervalle de 20 centimètres entre chaque toiture. La toiture supérieure aurait reçu les rayons solaires ; sur son arête supérieure se trouvaient des cheminées nombreuses en tôle, de section rectangulaire, afin de présenter leur plus large face à l'action du soleil.

L'intervalle des deux couvertures constituait donc une vaste cheminée, chauffée par le soleil, et qui puisait l'air dans la galerie à la hauteur de la naissance de la voûte et suivant une très-grande section.

M, Regnault voulait ensuite que l'air frais fût amené du dehors, par un grand nombre de petits canaux en briques, sous le sol, et terminés au dehors, par de courtes cheminées-pilastres appuyées contre le mur. À l'intérieur, l'orifice de chacun de ces canaux aurait été surmonté d'une colonne en fonte de 1^m, 50 de haut, servant à supporter les objets exposés. L'air du dehors serait ainsi venu se déverser dans la salle, à la hauteur de la tête des visiteurs, sans produire ces courants désagréables qui sont occasionnés par des orifices ouverts au niveau du sol. Ces canaux dissimulés par les colonnes, et la toiture-cheminée, chauffée par le soleil, auraient constitué un excellent appareil de ventilation et de refoulement de

Louis Figuier

l'air.

Les mêmes principes furent proposés par M. Regnault pour ventiler et empêcher l'échauffement excessif du Palais de l'Industrie qui, avec les bâtiments du Cours-la-Reine, composait l'ensemble de l'Exposition universelle de 1855. Si l'on avait suivi ses indications, il est probable qu'on aurait évité la température intolérable qui régnait dans les galeries du premier étage pendant l'été. Des oppositions de tout genre entravèrent les travaux qui furent entrepris dans cette direction. Ce n'est que dans les bâtiments destinés à l'exposition de peinture et qui étaient relégués à l'avenue Montaigne, que les projets de M. Regnault purent être réalisés, grâce au bon vouloir de l'architecte, M. Lefuel. Les toitures à châssis vitrés y ont été faites doubles, et surmontées de cheminées d'aspiration. L'air du dehors se déverse dans les salles par des piédestaux creux qui portaient des objets d'art. Ce dispositif, parfaitement rationnel, s'est montré aussi efficace qu'on pouvait le désirer.

Malheureusement, comme l'a fait remarquer M. le général Morin, il conduit à l'établissement permanent d'une double couverture des bâtiments, pour remédier à des inconvénients dont la durée accidentelle n'est que de quelques semaines chaque année. Et si l'on voulait éviter les frais d'une pareille construction, il faudrait recourir à l'installation temporaire d'une doublure, c'est-à-dire d'une surface intérieure à la toiture, ce qui aurait bien aussi ses inconvénients, sans parler des dépenses qui en résulteraient dans la plupart des cas. Enfin, l'introduction de l'air nouveau par des orifices ménagés sous le sol, présente toujours de grands inconvénients dans les locaux livrés à la circulation publique, et il serait peut-être impossible d'en multiplier assez le nombre pour que la vitesse d'arrivée restât dans les limites convenables.

Ces considérations doivent nécessairement diminuer, aux yeux des praticiens, le mérite du système proposé par M. Regnault ; et, en fin de compte, on donnera probablement la préférence à l'aérage continu et à l'arrosage, proposés par M. Morin, à cause de la simplicité de ces moyens.

À ce propos, nous placerons ici une suggestion assez ingénieuse, qui nous a été communiquée par M. Pradez, de Genève.

Pour vaincre les difficultés que soulèvent dans la pratique, les problèmes en apparence les plus simples, il faut, dit M, Pradez, consulter et imiter la nature.

Or, que fait la nature pour rafraîchir la tête du nègre, appelé à vivre dans la zone torride ? Elle lui donne une chevelure crépue que le soleil frappe sans parvenir jamais jusqu'au crâne. Dès que l'air emprisonné dans ses cheveux s'échauffe plus que l'air ambiant, la ventilation s'opère d'elle-même, d'une manière naturelle et régulière. Le nègre qui reste tête nue se trouve mieux protégé contre l'ardeur des rayons solaires, que l'Européen avec son chapeau.

Faisons l'application de ce principe aux gares de nos chemins de fer. Il suffirait de garantir les couvertures métalliques contre le soleil, de la même manière que nous garantissons les fleurs de nos serres contre la gelée, c'est-à-dire par des rouleaux de paille ou de chaume, d'un mètre de longueur et d'une épaisseur convenable. On établirait simplement au faîte des toits, un abri en zinc, pour préserver ces rouleaux de paille contre les intempéries de l'air, pendant la saison froide. L'abri de tôle longerait le faîte et les bords du toit ; les couvertures y resteraient enroulées jusqu'à ce qu'on en eût besoin. Dans la saison des grandes chaleurs, on enverrait des hommes d'équipe les dérouler. Il est à peu près certain qu'avec ce nouveau moyen les chaleurs de 48° ne se produiraient plus dans les gares.

« Ayant habité le Brésil pendant vingt-deux ans, dit M. Pradez, je sais ce que c'est que la chaleur du soleil. Dans les courses que j'eus l'occasion de faire dans l'intérieur, je me suis souvent arrêté sous des toits de chaume, en m'extasiant toujours sur la fraîcheur relative que procure ce genre de toiture. En effet, comme dans le cas de la chevelure du nègre, le soleil échauffe la couche extérieure de la paille, mais n'y pénètre pas, car plusieurs couches d'air s'interposent entre ses rayons et la toiture métallique, et dès que ces couches d'air deviennent plus chaudes que l'air ambiant, une ventilation naturelle les remplace et les renouvelle. »

La dépense de quelques rouleaux de paille serait peu de chose, et la toiture de zinc se conserverait mieux sous un pareil abri. Le moyen de M. Pradez, analogue dans ses effets à la double toiture proposée par M. Regnault, aurait donc l'avantage d'être plus simple et moins coûteux.

Louis Figuier

Ce qui empêche d'ordinaire l'emploi des toits de chaume, c'est la crainte de l'incendie. M. Pradez ne s'est pas dissimulé cet inconvénient. Mais il pense que si on peut rendre le bois et les tissus incombustibles par l'application de certains procédés chimiques, rien ne nous dit que ces mêmes procédés ne pourraient pas être appliqués avec avantage à la préparation des couvertures de paille. Comme, d'ailleurs, les gares sont ordinairement isolées et leurs toits assez élevés, comme les locomotives marchent toujours lentement au départ et à l'arrivée, ce qui diminue beaucoup le danger provenant de la projection des étincelles, on voit que les nattes de paille ne seraient pas fort exposées.

Au surplus, on n'aurait à se préoccuper de ces risques que pendant deux mois de l'année seulement. Les compagnies des chemins de fer, qui dépensent des sommes énormes pour l'architecture et l'embellissement des gares, pourraient bien aussi songer enfin à la question hygiénique, et faire quelques légers sacrifices dans l'intérêt des voyageurs et des employés. Pourquoi ne ferait-on pas l'essai du moyen ingénieux que propose notre correspondant ? Les frais ne seraient pas considérables, et on serait bientôt fixé sur la valeur de ce moyen si simple et si commode.

En résumé, des expériences particulières seraient nécessaires, si l'on voulait fixer la valeur des différents procédés que nous venons de faire connaître pour arriver à rafraîchir les maisons et les édifices publics pendant l'été. Si l'on songe aux souffrances auxquelles le Parisien qui reste dans la ville, pendant l'été, se voit condamné chaque année, dans les théâtres, dans les salles de réunions, dans les expositions publiques, et surtout dans son propre appartement, pour peu qu'il soit exposé au soleil, on ne peut qu'appeler de tous ses vœux l'intervention efficace de la science dans cette question de salubrité publique.

Chauffer les maisons pendant la saison d'hiver, les rafraîchir pendant la saison d'été : voilà deux problèmes, en apparence fort simples, et dont la solution n'embarrasse pas le plus petit écolier ; ce qui n'empêche pas que l'on n'étouffe en été et qu'on ne gèle en hiver, depuis que Paris a été bâti.

CHAPITRE XI

ISBN : 978-1533587961

www.ingramcontent.com/pod-product-compliance
Lightning Source LLC
Chambersburg PA
CBHW070324190526
45169CB00005B/1731